…motive mit dreiachsigem 20 cbm Tender.

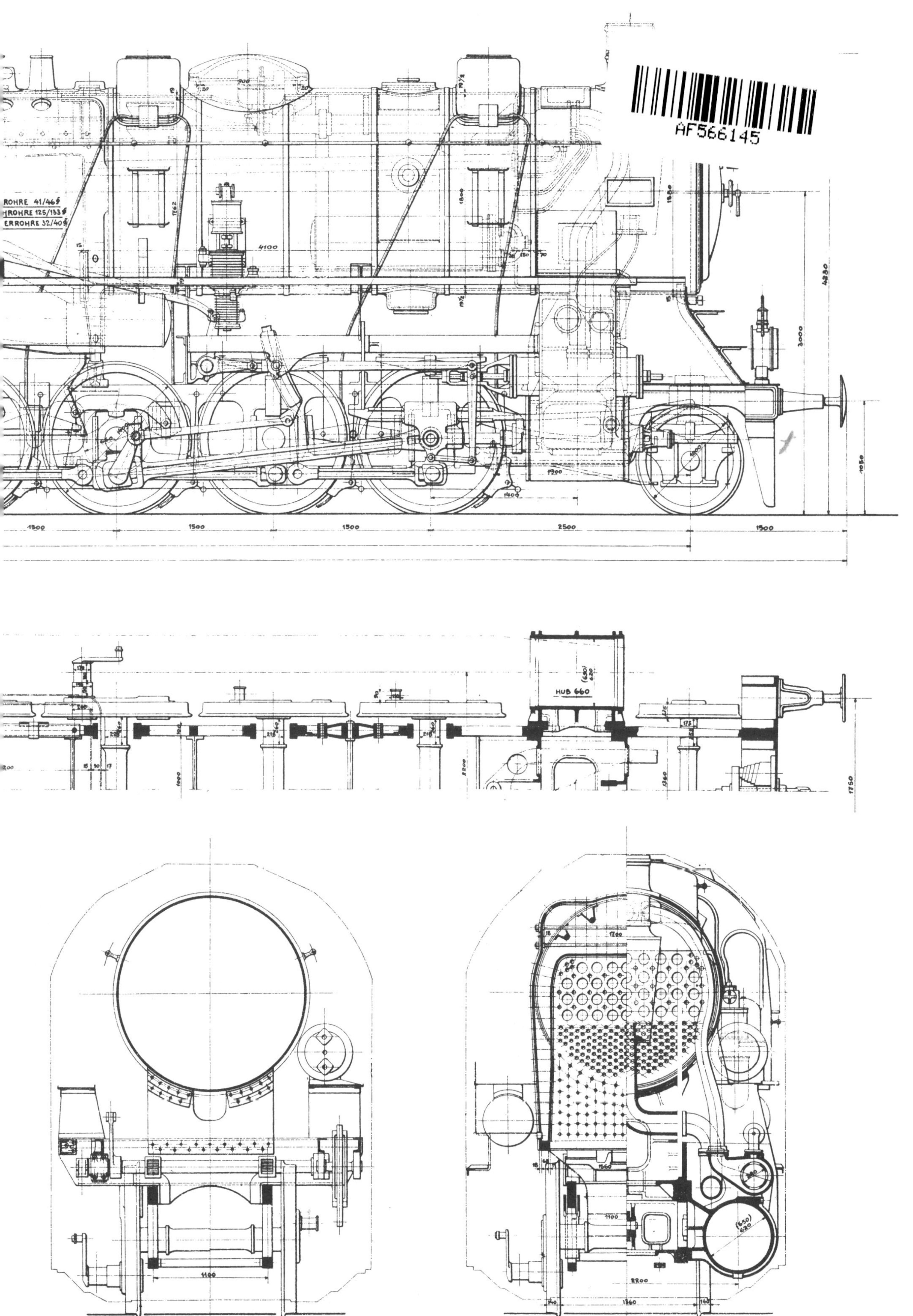

Hans-Jürgen Wenzel

Die Baureihen 56^1 und 56^{20}

Die preußischen Gattungen $G\,8^3$ und $G\,8^2$

EK-VERLAG

Titelbild
56 2902 wurde fabrikneu an die Rbd Essen geliefert. Carl Bellingrodt fertigte dieses herrliche Porträt im Jahr 1931 in ihrem Heimat-Bw Hamm an.
Aufnahme: Carl Bellingrodt, Sammlung Jörg Sauter

Rückseite, oben
Im April 1959 bespannt **56 2477** einen Schotterzug zwischen Emmerich und Wesel. Wenig später, am. 1. Juni 1959, wurde die in Oberhausen West beheimatete Lok z-gestellt und am 30. September 1960 ausgemustert.
Aufnahme: Willi Marotz, Sammlung Eisenbahnstiftung

Rücktitel, unten
1961 wurden die preußischen G 8^2, von denen die letzten der DB im Bw Ruhrort Hafen beheimatet waren, so langsam rar. **56 2783**, eine der sieben letzten 56^{20} der DB, hatte sogar bis zum Schluss eine Behelfs-Rauchkammertür. Am 1. Juni 1962 erfolgte ihre z-Stellung. Bw Ruhrort Hafen, 18. Februar 1962. Aufnahme: Herbert Schambach

Vorsatz
Die fein detaillierte Zeichnung der preußischen G 8^2 stammt aus der „Beschreibung der 1 D-Zweizylinder-Heißdampf-Güterzug-Lokomotive, Gattung G 8.2 mit dreiachsigem Tender von 20 cbm Wasserraum" des Eisenbahn-Zentralamts.
Abbildung: Sammlung Hans-Jürgen Wenzel

Nachsatz
56 2275 ist eine G 8^2 im letzten Erscheinungsbild der Bundesbahn: Drittes Spitzenlicht, Metallschilder mit DIN-Ziffern und „DB-Keks". Die Aufnahme von 1958 entstand im Bw Börßum, die Lok hat noch acht Jahre bis zu ihrer Abstellung.
Aufnahme: Carl Bellingrodt/EK-Verlag

ISBN: 978-3-8446-6046-3

Bearbeitung/Gestaltung: Jörg Sauter
Bildbearbeitung: Rico Schreiber, Jörg Sauter

EK-Verlag – EK Medien GmbH – Munzinger Straße 5a – 79111 Freiburg

www.eisenbahn-kurier.de

Unser Gesamtverzeichnis erhalten Sie kostenlos unter Tel. 0761-70 310 0 oder unter service@eisenbahn-kurier.de

Inhaltsverzeichnis

56 2454

Bilder 1 und 2 – Ihre Herkunft können die Reihen 56^{20} und 56^{1} ($G\,8^2$ und $G\,8^3$) nicht verleugnen: Die preußische G 12 (Baureihe 58^{10-21}) ist die Mutter der beiden 1'D-Typen. Während **56 2454** bis 1942 zum Bw Mainz-Bischofsheim gehörte, stammt **56 119** aus dem Bestand des Bw Wustermark, wo sie im Juli 1935 ausgiebig porträtiert wurde.
AUFNAHMEN: WERNER HUBERT UND CARL BELLINGRODT, SAMMLUNG HANS-JÜRGEN WENZEL

Zum Geleit

45 Jahre sind es her, seit ich im Eisenbahn-Kurier der preußischen $G\,8^2$ eine kleine Artikelserie widmete (EK Hefte 48 bis 50/1974); und vor über dreißig Jahren erschien mein Aufsatz über die preußische $G\,8^3$ im Eisenbahn-Kurier, Heft 1/1986. Wer von Ihnen, liebe Leser, besitzt diese Hefte noch? Im Frühjahr 2019 war das Thema als fundierter mehrteiliger Beitrag für den Eisenbahn-Kurier geplant. Der Artikel geriet jedoch so umfangreich, dass Verlag und Autor sich zur Präsentation des Themas in unserer Baureihenbibliothek entschieden. Es erscheint angebracht, mit einem Buch über diese beiden Reihen eine Lücke zu schließen, zumal nach Öffnung der Archive etwa im Osten Deutschlands, in Polen oder Russland etliche bislang unbekannte Dokumente erschlossen werden konnten.

Bei der Abhandlung der Einsätze der Lok erscheint es angebracht, die Gliederung in Reichsbahn- bzw. Bundesbahndirektionen wie in unseren Baureihenbüchern üblich einzuhalten. Diese Organisation hat sich 99 Jahre hindurch bewährt, bis sie bei der Privatisierung überflüssigerweise zerschlagen wurde. Die allzuständigen Direktionen und die ihnen untergeordneten Ämter waren mit Eisenbahnern und nicht mit Laienspielern besetzt. Dagegen bestehen heutzutage mehr als 100 nebeneinander werkelnde oder untätige Untergesellschaften der Deutschen Bahn, deren Zuständigkeit kein Außenstehender erfassen kann und über die sich so manche dieser Gesellschaften auch nicht im Klaren zu sein scheinen. Und vom Güterverkehr in der Fläche, für die auch die $G\,8^2$ und $G\,8^3$ zuständig waren, hat sich die Deutsche Bahn im Jahr 2002 endgültig verabschiedet: alles ab auf die überbordenden Straßen!

Gedenken wir der beiden Arbeitstiere, von denen sich insbesondere die $G\,8^2$ auszeichnete, und die erst rund zwanzig bis dreißig Jahre nach ihrem Erscheinen durch die stärkeren und schnelleren Einheitslok der Reihe 50 entbehrlich wurden. Auch hier gilt: Aufnahmen der beiden Reihen sind nicht breit gestreut, so dass Schwerpunkte gesetzt werden müssen. Gerade das Angebot an Betriebs- und Streckenaufnahmen ist recht überschaubar, und zwar in allen Epochen.

Danken möchte ich auch an dieser Stelle meinen hilfreichen Auskunftspersonen Joachim Dürlich, Ingo Hütter, Günter Krall, Andreas Knipping, Volkmar Kubitzki, Şerban Lacriţeanu, Wolfgang Laudien, Dr. Paul Recknagel, Tomasz Roszak, Andreas Stange, Herbert Stemmler und Hermann Träger (DB-Museum) sowie den leider verstorbenen Unterstützern bzw Mitstreitern während meiner jahrzehntelangen Sammlertätigkeit: Dr. Alfred Gottwaldt, Friedrich Schadow, Günter Meyer, Gerhard Moll, Willi Reinshagen und Dr. Günther Scheingraber.

Ebenso sagen Autor und Verlag Dank den Eisenbahnfreunden und Sammlern, die uns mit Bildmaterial, Umlaufplänen und desgleichen unterstützen. Besonderer Dank des Autors an die Mitarbeiter und Mitarbeiterinnen des EK-Verlages, besonders an Jörg Sauter, der etliche wichtige Bilder beschaffte und sich geduldig und verständnisvoll auch für dieses Buch engagierte.

Koblenz und Freiburg im Frühjahr 2020, Hans-Jürgen Wenzel

1'D-Lokomotiven in Deutschland

Die G 8^{2} und die G 8^{3} haben entstehungsgeschichtlich mit den bis dahin in Deutschland konstruierten 1'D-Lok nichts zu tun, sondern entstanden gewissermaßen als „Nebenprodukt" aus der G 12 (Reihe $58^{2\text{-}3,\,4,\,5,\,10}$). Heimisch waren die 1'D-Güterzuglok eher in Süddeutschland.

Preußen

In **Preußen** entstand 1893 die G 7^{3} als Nassdampf-Verbundlokomotive für die steigungsreiche Strecke Soest – Altenbeken – Northeim (Han) mit Steigungen bis zu 10 Promille. Sie bewährte sich nicht, zumal die voraus laufende Adamsachse mit 6,1 t Achslast zu leicht war und zu Entgleisungen neigte. Die G 7^{1} und die G 7^{2}, ebenfalls Nassdampflok aus den Jahren 1893/95, reichten aus (spätere Reihen 55^{0}, 55^{7}). So blieb es zunächst bei nur 15 Lok dieser Bauart, für die allerdings sogar das Musterblatt M III-3a erstellt wurde. Die fünf als 56 001-005 von der Reichsbahn eingereihten G 7^{3} erlebten das Jahr 1927 nicht mehr. Die letzten beiden schieden 1926 aus, und es ist fraglich, ob überhaupt eine umgezeichnet wurde.

Wegen dringenden Lokbedarfs im Ersten Weltkrieg bauten süddeutsche Werke im Jahre 1917 insgesamt 70 G 7^{3}-Lokomotiven für die MGD Warschau nach (Nr. 1-70, später 4401-4470). Davon verblieben fünf der Mecklenburgischen Friedrich-Franz-Eisenbahn (Lok 474-478) und vier der Lübeck-Büchener Eisenbahn (Lok 84-87). Die beiden von der Lübeck-Büchener Eisenbahn im Jahre1936 in Heißdampflok umgebauten G 7 Nr. 85 und 87 erlebten 1938 noch ihre Umzeichnung in 56 001-002 in zweiter Besetzung. 56 001 wurde sogar noch zu JDŽ 142-001, und 56 002 verblieb bei der MPS.

Baden

Im Jahre 1907 fassten die **Großherzoglich Badischen Staatseisenbahnen** den Entschluss zum Ersatz der zehn vierfach gekuppelten Güterzuglok der Reihe VIIIa sowie der 32 Mallets der Bauart VIIIc durch eine 1'D-Lok in Vierzylinder-Verbundausführung. So entstand die Reihe VIIIe in Nassdampf-Ausführung, mit Barrenrahmen und zunächst mit allerdings später wieder ausgebautem Clench-Dampftrockner. In Frankreich wären diese Lok als Sattdampflok bezeichnet (vapeur saturé); in Deutschland waren es trotz des Dampftrockners Nassdampflok. Die ersten fünf Lok lieferte 1908 Maffei im Jahre 1908, die übrigen die MBG Karlsruhe 1908 bis 1915. Entsprechend ihrer Bauartunterschiede wurden die Lok als VIIIe^{1} bis VIIIe^{8} bezeichnet. Ab Reihe 6 entfiel der Reglerdom, die Lok bekamen Schmidt-Rauchröhrenberhitzer, ab Reihe 8 auch Knorr-Oberflächenvorwärmer, den später auch andere, aber nicht alle Lok erhielten. Die Reichsbahn bezeichnete die übernommenen Lok als 56 701-709, 711-738 (n4v) und 56 751-776, 781-785 (h4v). Nach Schadow schieden alle 1926 aus.

Sachsen

Die **Königlich Sächsischen Staatseisenbahnen** beschafften ab 1902 1'D-gekuppelte Lok der Bauart Klien-Lindner, deren letzte Kuppelachse zur Erzielung besserer Bogenläufigkeit seitenverschieblich war. Hartmann lieferte ab 1902 20 Nassdampf-Verbundlok der Bauart IX V (V: Verbund) mit Dampftrockner Bauart Klien. Ab 1909 folgten von Hartmann 30 Lokomotiven in Heißdampf-Verbundausführung mit Rauchrohrüberhitzer Bauart Schmidt und Oberflächenvorwärmer. Diese statt mit Flachschiebern mit Kolbenschiebern ausgerüsteten Lok bezeichnete man als Reihe IX HV (HV: Heißdampf-Verbund). Die Reichsbahn reihte 16 Nassdampflok als 56 501-516 ein, von denen die letzten 13 im Jahre 1926 ausschieden. Für 56 516 ist die Umzeichnung fotografisch bewiesen. Von den 25 als 56 601-625 eingereihten Heißdampflok überlebten nur zwei das Jahr 1926; sie segneten angeblich 1927 das Zeitliche. Allerdings wird für 56 606 und 56 619 auch das Jahr 1932 als Ausmusterungsjahr genannt; für 56 606 ist jedenfalls die Umzeichnung bildlich bewiesen.

Bayern

Ab dem Jahre 1895 beschafften die **Königlich Bayerischen Staatseisenbahnen** 1'D-gekuppelte Nassdampflok mit einfacher Dampfdehnung: die Reihen E I (davon vier als 1'D-n2v) und die G 4/5 N (1905/1906), von denen es lediglich vier der letzteren in den Umzeichnungsplan der Reichsbahn (Bayern, EZA 6357 vom 30. Mai 1925) als 56 401-404 schafften. Sie schieden indessen 1927 aus; eine Umzeichnung ist nicht nachgewiesen. In den Jahren 1915-1918 bauten Krauß & Comp. 20 sowie J. A. Maffei 210 der insgesamt 230 1'D-h4v-Lok der Reihe G 4/5 H mit Barrenrahmen und Adamsachse. Die einzelnen Baulose unterscheiden sich durch geringfügige Unterschiede in der Heizfläche und dem Dienstgewicht.

56^{8}	G 4/5 H	1'D-h4v	1916-1917	DR 56 801-809
$56^{9\text{-}10}$	G 4/5 H	1'D-h4v	1915-1919	DR 56 901-1034
56^{11}	G 4/5 H	1'D-h4v	1918-1919	DR 56 1101-1125

Alleine 99 schieden im Jahre 1933 aus; am 1. Januar 1936 waren noch eine 56^{8}, 16 $56^{9\text{-}10}$ und drei 56^{11} im Bestand. Die drei Lok 56 987, 1030 und 1116 überstanden knapp den Zweiten Weltkrieg und wurden 1946 ausgemustert. Gekuppelt waren die G 4/5 H mit dem bayerischen Tender 3 T 20,2, der 6,5 t Kohle fasste. 163 dieser Tender überlebten die G 4/5 H, wurden für die preußische G 10 (Reihe 57^{10}) adaptiert und an Stelle von preußischen 3 T 16,5 angebaut.

Österreich

Als Erfolgsgeschichte dagegen kann man jene der **österreichischen Reihen 170** (1'D-n2v; ab 1897) und **270** (1'D-h2; ab 1917) bezeichnen. Charakteristisch war das Verbindungsrohr zwischen dem Doppeldom und der Kobelschornstein. Von der Reihe 170 wurden insgesamt 783 Lokomotiven gebaut, davon 54 für die Südbahngesellschaft. Ein Großteil verblieb nach der Zerschlagung Österreichs durch den Vertrag von St. Germain im Jahre 1919 bei den Nachfolgestaaten. Die BBÖ behielten 263 Lok, von denen die Reichsbahn im Jahre 1938 noch 209 Lok übernahm und zu 56 3101-3309 umgezeichnete.

Von der Heißdampfreihe 270 wurden 235 Lokomotiven gebaut, von denen genau 100 den BBÖ verblieben und 1938 zu 56 3401-3500 wurden.

Zahlreiche 56^{31} und 56^{34} wurden im Zweiten Weltkrieg an südosteuropäische Bahnen vermietet und verblieben dort. Nur mehr acht 56^{31} der ÖBB sind im Umzeichnungsplan von 1953 verzeichnet, behielten aber ihre DR-Betriebsnummern. Fünf wurden Mitte der fünfziger Jahre an die Graf-Köflacher Bahn (GKB) verkauft, die letzte ÖBB-Lok schied 1957 aus. Noch 22 56^{34} erscheinen im U-Plan von 1953 als Reihe 156; die letzten 156 wurden 1968 ausgemustert.

Bild 3
Die von Hanomag 1894 unter der Fabriknummer 2670 gebaute G 7^3 „4604 Frankfurt“ in Hainholz. Die letzte Bremsuntersuchung war am 30. Oktober 1923. Ob sie die geplante Umzeichnung in **56 001** noch erlebte, ist nicht nachweisbar.

AUFNAHME:
RUDOLF KREUTZER,
SAMMLUNG HANS-JÜRGEN WENZEL

Bild 4
Die MBG Karlsruhe lieferte 1910 unter der Fabriknummer 1807 die VIIIe^2-Lok 822 aus, die spätere **56 720**. Sie gehört zur Nassdampfversion mit Reglerdom.

AUFNAHME:
WERKBILD MG KARLSRUHE,
SAMMLUNG HANS-JÜRGEN WENZEL

Bild 5
56 606 wurde als IX HV Nr. 776 von Hartmann 1907 mit der Fabriknummer 3130 geliefert. Sie besitzt – wie alle dieser Serie – Klien-Lindner-Hohlachsen. Aufgenommen wurde sie 1928 in Dresden-Friedrichstadt, vermutlich schon ausgemustert; denn das Bw-Schild fehlt, und der Tender ist leer geräumt.

AUFNAHME:
WERNER HUBERT,
SAMMLUNG HANS-JÜRGEN WENZEL

Bild 6
Maffei lieferte am 26. Mai 1917 unter der Fabriknummer 4665 die Lok 5581. Sie erhielt die Betriebsnummer **56 967** und wurde kurz vor der Ausmusterung (April 1934) in Nürnberg Rbf aufgenommen. Schon am 1. Dezember 1934 wurde ihr Tender mit 57 2196 verbunden.

Aufnahme:
Hermann Maey,
Sammlung Hans-Jürgen Wenzel

Bild 7
56 3256 (Wr. Neustadt 1919/5497) im Jahre 1943 in Dresden-Friedrichstadt mit der 1942 angebrachten Durchhalteparole „Räder müssen rollen für den Sieg" und kriegsbedingter Abblendung der Laternen. Sie verblieb als 434.0370 bei der ČSD, wurde 1954 an Österreich „zurückgegeben", aber noch 1954 zerlegt.

Aufnahme:
Werner Hubert,
Sammlung Hans-Jürgen Wenzel

Bild 8
56 3500 (Floridsdorf 22/2830) am 6. September 1940 in ihrem Heimat-Bw St. Pölten. Sie endete als Beutelok bei der MPS.

Aufnahme:
Carl Bellingrodt,
Sammlung Hans-Jürgen Wenzel

Entstehungsgeschichte, Bauart

Nicht mehr viele unserer älteren Leser dürften die alte 1'D-gekuppelte G 8²-Lokomotive (DR-Reihe 56²⁰) noch in Erinnerung haben; sei es vor Braunkohlenzügen im Bezirk Halle, sei es im Schlesischen oder auf den Rheinstrecken, wo sie aus den Bw Troisdorf, Oberlahnstein und Mainz-Bischofsheim nicht wegzudenken war, zuletzt aber nur mehr vor Nahgüter- oder Übergabezügen fuhren. Sie war eines der bewährten Arbeitstiere preußischer Konstruktion, das nie sonderlich hervor getreten ist: War sie doch gewissermaßen ein Nebenprodukt der preußischen G 12 (Reihe 58^{10}), der zu spät gekommenen Kriegslok des Ersten Weltkriegs.

Im Ersten Weltkrieg trat bei der Kgl. Preußischen Staats-Eisenbahn-Verwaltung (KPEV) durch die zahlreichen Abgaben der verschiedenen G 7-Bauarten (G 7^1: D n2; G 7^2: D n2v; G 7^3: 1'D n2v; 55^0, 55^7 bzw. 56^0) sowie der G 8/G 8^1 (D h2; 55^{16} bzw. 55^{25}) an die besetzten Gebiete empfindlicher Lokmangel ein. So baute man im Jahre 1917 für die MGD Warschau nochmals 70 G 7^3, die veraltete Nassdampf-Verbund-Konstruktion des Jahres 1893, nach, entschloss sich aber doch, eine moderne Heißdampflok zu beschaffen. Auf Vorschlag der Verkehrsabteilung des württembergischen Staatsministeriums entwickelte man eine 1'D-Lokomotive in der Weise aus der G 12 (Reihe 58^{10}), dass man eine Achse und folglich einen Kesselschuss wegließ. Die Rohre wurden gegenüber der G 12 um 700 mm gekürzt, die Feuerbüchse um 300 mm, den Zylinderdurchmesser verringerte man um 50 mm auf 520 mm. So entstanden zunächst zehn Probelok und insgesamt 85 Lokomotiven der Bauart G 8^3 (1'D h3; DR-Reihe 56^1), also als Dreizylinderlok, die ab Januar/Februar 1919 und weiter von April bis November 1920 geliefert wurden und somit für den Einsatz im Ersten Weltkrieg zu spät kamen. Ein preußisches Musterblatt wurde für sie und auch die G 8^2 nicht mehr aufgestellt. Vom Weiterbau der G 8^3 sah man zu Gunsten der G 8^2 ab, weil sie mit ihrem Zwillingstriebwerk – geringerer spezifischer Dampfverbrauch – billiger und wirtschaftlicher waren.

Etwa gleichzeitig regte sich der Wunsch nach Vereinfachung des Triebwerkes, so dass man die neue Lokomotive auch als 1'D-h2-Lok, also mit einfacher Dampfdehnung, konstruierte. In den Monaten April bis Juni 1919 wurde die G 8^2 mit zunächst zehn Vergleichslok zur Bauart G 8^3 ausgeliefert. Der Kesseldruck belief sich auf 14 kg/cm² und der Zylinderdurchmesser auf 620 mm. Eigentlich unnötig zu erwähnen, dass G 8^2 wie G 8^3 außen liegende Heusingersteuerung besaßen. Wegen sich alsbald zeigender Kesselschäden verringerte man den Kesseldruck auf 12 kg/cm² und erweiterte den Zylinderdurchmesser auf 650 mm. Ein drittes Mal setzte man den Dampfdruck wieder auf 14 kg/cm² fest und bemaß die Zylinder auf 630 mm Durchmesser.

Das vordere Bisselgestell der G 12 wurde beibehalten. Die zweite Kuppelachse erhielt 25 mm Spiel nach beiden Seiten. Die hin- und hergehenden Massen des Triebwerks wurden durch Gegengewichte zu etwa 34 % ausgeglichen. Die Gegengewichte der Kuppelachsen (nicht der Treibachse) wurden ab 1934/1935 bei zahlreichen G 8^2 durchbohrt und ihre Höchstgeschwindigkeit von 65 auf 75 km/h (nur für Personenzüge) heraufgesetzt. Der Kesselspeisung dienten eine Knorr-Kolbenspeisepumpe und eine Strahlpumpe mit 250 l/min Förderleistung. Ab Baujahr 1921 rüstete man die G 8^2 mit Speisedom aus,

Die ab 1923/24 gebauten Lok, vermutlich beginnend mit 56 2772-2774, bekamen Doppelverbund-Luftpumpen der Bauart Nielebock-Knorr an Stelle der bisherigen zweistufigen Luftpumpen. Die Kessel wiesen anfangs ebenso wie die der G 8^3 einen aufklappbaren Kipprost der ungarischen Bauart Titan auf. Bei späteren Lieferungen der G 8^2 ging man zum Spindelkipprost über.

Der G 8^2 waren indessen Grenzen gesetzt. Sie konnte in der Ebene 1.560 t mit 55 km/h befördern, bei einer Steigung von 1:100, wie sie beispielsweise auf der Moselbahn zu finden war,

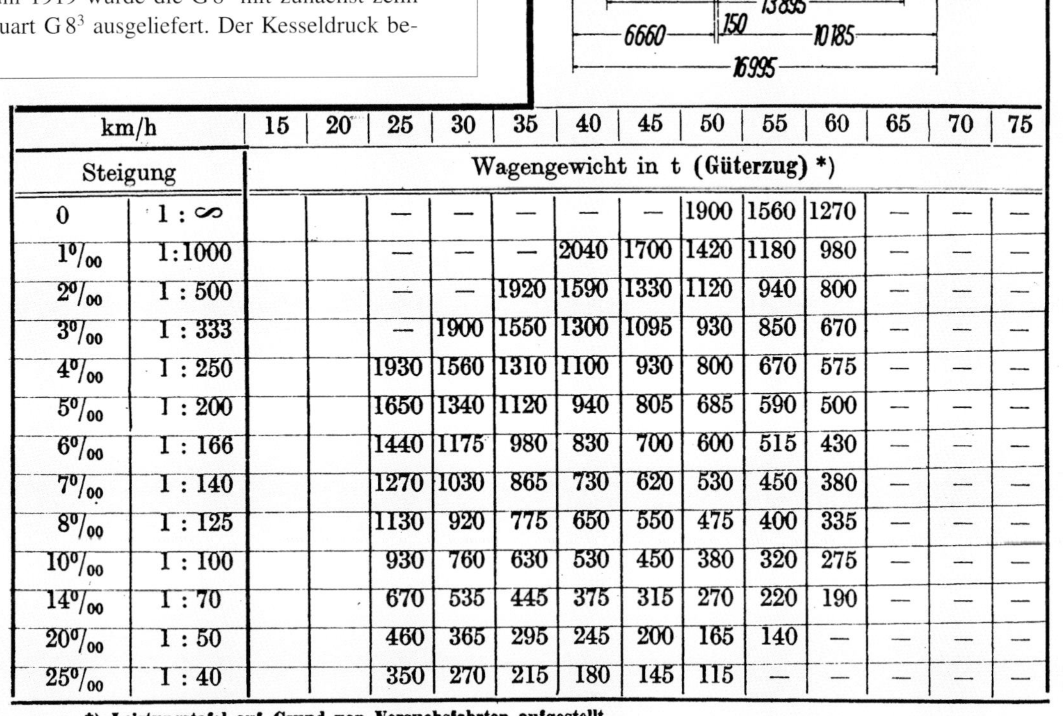

km/h		15	20	25	30	35	40	45	50	55	60	65	70	75
Steigung		Wagengewicht in t (Güterzug) *)												
0	1 : ∞			—	—	—	—	—	1900	1560	1270	—	—	—
1‰	1:1000			—	—	—	2040	1700	1420	1180	980	—	—	—
2‰	1 : 500			—	—	1920	1590	1330	1120	940	800	—	—	—
3‰	1 : 333			—	1900	1550	1300	1095	930	850	670	—	—	—
4‰	1 : 250			1930	1560	1310	1100	930	800	670	575	—	—	—
5‰	1 : 200			1650	1340	1120	940	805	685	590	500	—	—	—
6‰	1 : 166			1440	1175	980	830	700	600	515	430	—	—	—
7‰	1 : 140			1270	1030	865	730	620	530	450	380	—	—	—
8‰	1 : 125			1130	920	775	650	550	475	400	335	—	—	—
10‰	1 : 100			930	760	630	530	450	380	320	275	—	—	—
14‰	1 : 70			670	535	445	375	315	270	220	190	—	—	—
20‰	1 : 50			460	365	295	245	200	165	140	—	—	—	—
25‰	1 : 40			350	270	215	180	145	115	—	—	—	—	—

*) Leistungstafel auf Grund von Versuchsfahrten aufgestellt.

Bild 9
Die Leistungstafel der preußischen G 8² aus dem Merkbuch der Deutschen Reichsbahn aus dem Jahr 1941.

ABBILDUNG: SAMMLUNG HANS-JÜRGEN WENZEL

Bild 10
56 101, hier noch mit der preußischen Bezeichnung „5901 Cöln", entstand 1919 bei Henschel in Kassel mit der Fabriknummer 16443. Auffällig sind die zusätzlichen Rohrleitungen an den Sanddomen.

AUFNAHME: SAMMLUNG DIERK LAWRENZ

Bild 11, rechte Seite
56 119 (Henschel 17121/1920) war zunächst als 5399 Breslau eingereiht. Besonders deutlich wird hier die Verwandschaft zur G 12, wenn man die Frontpartie betrachtet. Die diagonal verlegte Leitung führt den Abdampf des Turbogenerators. Die Lok hat auf dem Umlauf den zweiten Luftbehälter.

AUFNAHME: CARL BELLINGRODT, SAMMLUNG JÖRG SAUTER

waren es bei gleicher Geschwindigkeit nur mehr 320 t. Die G 8^2 war der bayerischen G 4/5 H (DRB-Reihe 56^{10-11}) bei Geschwindigkeiten bis zu 45 km/h überlegen. Darüber hinaus erreichte sie nicht ganz deren Leistung; war doch letztere als Vierzylinder-Verbundlok und mit 16 kg/cm² Kesseldruck ausgeführt. Die Dampferzeugung der G 8^2 je m² Heizfläche blieb hinter der G 12 zurück. Nach Wagner (Dampflok-Archiv Preußen) wurden die Lok in Direktionsbezirken mit Strecken mit längeren und stärkeren Steigungen eingesetzt, auf denen ein umfangreicher mittelschwerer Güterzugdienst anfiel, aber auch vor Personenzügen.

Die G 8^2 und G 8^3 haben wie die G 12 „Belpaire-Stehkessel", benannt nach dem belgischen Ingenieur Alfred Belpaire. Kessel dieser Bauart fanden auch Verwendung bei der P 10 und T 20. Diese Bauart weist einen annähernd rechteckigen Querschnitt und eine flache Decke auf, welche seitlich über die zylindrische Wölbung des Langkessels hinausragt und an den abgerundeten „Höckern" zu erkennen ist. Der Kessel besitzt deutlich mehr Raum zur Dampfbildung als der an die zylindrische Form des Langkessels angepasste übliche Stehkessel. Sein Nachteil war, dass man wegen der ebenen Flächen an den Seitenwänden und der Stehkesseldecke mehr bzw. stärkere Stehbolzen zur Erzielung der nötigen Stabilität zwischen Stehkessel und Feuerbüchse benötigte. Die Bauart hat sich grundsätzlich bewährt, allerdings war bei Ausbesserungen gegenüber der herkömmlichen Bauart der Aufwand höher. Eine höhere Schadanfälligkeit von Belpaire-Kesseln ist nicht bekannt.

Wegen der Einfachheit der Lok wurden ab April 1919 bis 1924 846 G 8^2-Lok für Preußen bzw. die Reichsbahn beschafft. Der preußische Nummernplan platzte aus allen Nähten. Die ersten 60 Lok wurden noch nach ihrer Direktionsbeheimatung bezeichnet: Cassel 5361-5375, Cöln 5701-5710, Erfurt 5351-5355, Hannover 5901-5910, Kattowitz 5901-5910, Magdeburg 5651-5660 und Mainz 5351-5360. Sie bekamen 1926 die DR-Nummern 56 2001-2060. Dann wurde auch hier Cassel als Gattungsdirektion verwendet und die 557 folgenden Lok als Cassel bezeichnet, von denen 1925 nur 108 in der ED Cassel Dienst taten. Die Casseler Betriebsnummern waren 3301-3486, 4820-5150 und 5376-5399, die 1926 zu 56 2061-2275, 2281-2485 und 2551-2687 wurden. Wie auch bei anderen „späten" preußischen Baureihen bezeichnete der Direktionsname nicht mehr die Eigentumsdirektion (Elberfeld für P 8, Halle für G 10, Berlin für T 14[1]).

Hierzu ordnete am 4. Oktober 1925 die RVM-Verfügung (34.D.1400) an, dass ab Januar 1926 alle RBD die in ihrem Besitz befindlichen Lok auch in ihren Bestand übernahmen.

Die nächsten 74 Lok waren bestellt als 31 658-731; nur auf einer AEG-Werkaufnahme trägt 56 2702 die Nummer 31 672). Die Lok der nächsten Serie wurden als 56 2688-2761 geliefert, ebenso die letzte Serie als 56 2762-2905. 1927/28 folgen nochmals elf Lok als 56 2906-2916.

Die Lücke zwischen 56 2485 und 56 2551 fällt auf. Hierzu weist Ingo Hütter darauf hin, dass im ersten vorläufigen Umzeichnungsplan 485 G 8^2 standen und die folgenden Nummern beginnend mit 56 2551 auf mehreren nachträglich eingehefteten Blättern stehen. Vielleicht wollte man ganz einfach Doppelnummerungen vermeiden.

Die Erbauer der G 8^2 waren:

AEG	71
Hanomag	61
Henschel	319
Jung	119
Krupp	188
Linke-Hofmann	88

Die am 6. Dezember 1920 abgenommene Lok 5653 Magdeburg, die spätere 56 2023, trug die Henschel-Fabriknummer 20/18000. 1921 lieferte Hanomag fünf G8^2 mit **Lentz-Ventilsteuerung** und Druckluft-Läutewerk mit geringfügig abweichenden Daten für die Rbd Oldenburg (Nr. 281-285, ab 1926 56 2276-2280).

Die 85 Lok der Bauart G 8^3 wurden ausschließlich von Henschel & Sohn gebaut. Auch bei dieser Reihe geben ihre Direktionsbezeichnungen Berlin, Breslau, Cassel, Cöln, Erfurt, Frankfurt und Trier nicht unbedingt Aufschluss über den Einsatz der Lok; vielmehr wurde sie verlegenheitshalber in die eigentlich für andere Reihen vorgesehenen Nummerngruppen „eingequetscht" (z.B. 5201 Trier ff., 5651 Breslau ff., 5901 Köln ff.).

Beschreibung der G 8^2

Wir geben hier die Beschreibung des EZA Berlin von 1919 weitgehend im **Originalwortlaut** wieder. Für die dreizylindrigen G 8^3 wurde keine Beschreibung angefertigt, da sie bis auf den dritten Zylinder und dessen Steuerung mit der G 8^2 gleich war. Die Steuerung der G 8^3 entsprach jener der preußischen G 12.

Allgemeines

Die Bauart der Lokomotive ergibt sich aus der in der Anlage beigefügten Übersichtszeichnung der Lokomotive und des Tenders. Die Hauptabmessungen sind folgende:

Höchstgeschwindigkeit	65 km/St.
Zylinderdurchmesser	620 mm
Kolbenhub	660 mm
Art der Steuerung nach Heusinger, außenliegend	
Dampfüberdruck	14 at
Rostfläche	3,43 qm
Heizfläche der Feuerbüchse, feuerberührt	12,50 qm
Heizfläche der Heiz- und Rauchrohre, feuerberührt	154,41 qm
Verdampfungs-Heizfläche d. Kessels, gesamt, feuerberührt	166,91 qm
Heizfläche des Überhitzers (mit verkürzten Umkehrungen)	58,48 qm
Wasserinhalt des Kessels bei 150 mm Wasserstand über Feuerbüchsdecke	6,90 cbm
Dampfrauminhalt bei 150 mm Wasserstand über Feuerbüchsdecke	2,67 cbm
Verdampfungsoberfläche im Kessel	9,40 qm
Heizfläche des Vorwärmers (dampfberührt)	13,60 qm
Triebraddurchmesser im Laufkreis gemessen	1.400 mm
Laufraddurchmesser im Laufkreis gemessen	1.000 mm
Leergewicht der Lokomotive, errechnet	74.770 kg
verwogen	74.100 kg
Dienstgewicht der Lokomotive, errechnet	80.600 kg
verwogen	81.400 kg
Reibungsgewicht der Lokomotive	68.000 kg
Größter Raddruck der Lokomotive	8.500 kg
Gesamtradstand der Lokomotive	7.000 mm
Gesamtlänge der Lokomotive zwischen den vorderen Puffern und den Stoßpufferpfannen	10.185 mm
Gesamtradstand der Lokomotive mit Tender	13.875 mm
Gesamtlänge der Lokomotive mit Tender über die Puffer gemessen	16.975 mm

Solange der Kessel mit dem Rahmenbau verbunden ist, können die abgefederten Teile mit Abstützung unter jedem Rahmenende angehoben werden; nach dem Abnehmen des Kessels ist der Rahmenbau in mindestens drei Punkten zu stützen.

Die Lokomotive besitzt vier gekuppelte Radsätze und einen vorderen, in einem Deichselgestell gelagerten Laufradsatz. Die beiden waagerecht liegenden Außenzylinder arbeiten auf die Triebzapfen des dritten Radsatzes. Die rechten Kurbeln der Radsätze eilen dem linken Kurbeln um einen Winkel von 90° vor. Der feste Radstand der Lokomotive zwischen erster und vierter Kuppelachse beträgt 4.500 mm. Die zweite Kuppelachse hat 25 mm Seitenverschiebung in den Achslagern aus der Mittellage nach jeder Seite hin; außerdem sind die Spurkränze der Triebachse um 15 mm gegen die Stärke der Regelbauart geschwächt, um ein zwangloses Durchfahren der Krümmungen zu ermöglichen. Der begrenzte Ausschlag der Laufachse aus der Mittellage nach jeder Seite beträgt 80 mm. Der erste und vierte Kuppelradsatz sind einander gleich und können vertauscht werden.

Das Führerhaus ist mit zwei in der Decke befindlichen Entlüftungsöffnungen mit Klappenverschluss, sowie zwei Drehfenstern üblicher Bauart in der Führerhausvorderwand versehen. In jeder Seitenwand ist ein festes Fenster und ein Schiebefenster eingebaut, und auf der Außenfläche jeder Seitenwand ist ein drehbares Schutzglas angebracht. Die hinteren Fensteröffnungen in den Seitenwänden sind mit hölzernen Armleisten versehen. Über dem Trittblech des Führerstandes befindet sich ein hölzerner Fußboden. Die Einsteigeöffnungen am Führerstand werden durch Drehtüren der Regelbauart verschlossen.

Kessel

Der Langkessel besteht aus einem vorderen und einem hinteren Schuß von 19 ½ bzw. 19 mm Stärke und 1.800 bzw. 1.762 mm Durchmesser im Lichten. Die Rauchkammer ist mittels eines Zwischenringes an den vorderen Schuß des Langkessels angeschlossen. Der Dom sitzt auf dem vorderen Ende des hinteren Schusses und enthält den entlasteten Ventilregler Bauart Schmidt & Wagner mit oberhalb des Gehäuses gelegenem Angriff der Ventilstange. Der Stehkessel der Bauart Belpaire besteht aus dem Mantelblech von 18 mm Stärke, der Hinterwand von 16 mm Stärke und der Stiefelknechtplatte von 17 mm Stärke. Die Versteifung des Stehkessels in seinem oberen Teil erfolgt durch Deckenanker, sowie Quer- und Längsanker und zwei an der Hinterwand übereinander liegende Blechverstrebungen, die durch Längsanker mit dem Langkessel verbunden sind. Ferner sind in den oberen vorderen Ecken des Stehkessels Blechzwickel zur Versteifung der Stehkesseldecke vorgesehen.

Die eiserne Feuerbüchse kann von unten in den Stehkessel eingebracht werden. Der Feuerbüchsmantel und die Hinterwand der

Bilder 12 und 13 – Es folgen weitere Ansichten der Porträtserie, die Carl Bellingrodt im Juli 1935 von **56 119** des Bw Wustermark angefertigt hat. Die auf elektrische Beleuchtung umgestellte Lok hat noch den Umschalthebel am Oberflächenvorwärmer. Die Lok kam am 8. Mai 1935 aus der Hauptuntersuchung im RAW Brandenburg West.
AUFNAHMEN: CARL BELLINGRODT, SAMMLUNGEN HANS-JÜRGEN WENZEL UND EK-VERLAG

Feuerbüchse haben eine Blechstärke von 11 mm, die Rohrwand eine solche von 15 mm. Die Stärke der Rauchkammerrohrwand beträgt 26 mm.

Zwischen den Rohrwänden sind 34 Rauchröhren von 125/133 mm Durchmesser in vier übereinanderliegenden Reihen, sowie 189 Heizröhren von 41/46 mm Durchmesser und 4.100 mm Länge angeordnet.

Der Rost ist nach vorne schwach geneigt und besteht aus drei hintereinanderliegenden, gußeisernen Roststabreihen. Zur Erleichterung des Entschlackens ist die Lokomotive mit einem Kipprost mit Spindelantrieb nach der Regelbauart versehen. Unter dem Rost hängt ein geräumiger Aschkasten mit verstellbaren Luftklappen in der Vorder- und Hinterwand. Vor den Klappenöffnungen sind Funkengitter angeordnet, um das Herausfallen glühender Aschenteile zu verhindern. Im Boden des Aschkastens befinden sich Bodenklappen, die vom Führerstand aus mittels Handzuges geöffnet und geschlossen werden können; in geschlossener Lage können die Bodenklappen mittels durchgesteckter Rundeisen verriegelt werden.

Der Kessel ist durch den Rauchkammermantel und den Rauchkammersattel mit dem Rahmen fest verbunden. Die bewegliche Verbindung erfolgt durch zwei unter dem Langkessel befindliche Pendelbleche, die als Gleitlager ausgebildeten Stehkesselträger unter der Vorderwand des Stehkessels und ein unter der Hinterwand des Stehkessels befindliches Pendelblech. Zwischen den Stehkesselträgern befindet sich ein Schlingerstück üblicher Bauart. Zwei Klammern an den Stehkesselträgern verhindern ein Abheben des hinteren Kesselteiles vom Rahmenbau.

Zur Reinigung des Kessels sind auf jeder Seite der oberen Wölbungen der Stehkesselseitenwände drei Reinigungsluken vor-

Bild 14 – Die 56[1] haben die von der 58[10] bekannte schräge Verkleidung vor dem Rauchkammersattel. Deutlich sichtbar ist die Führung der Kolbenstange des Mittelzylinders.
AUFNAHME: CARL BELLINGRODT, SAMMLUNG HANS-JÜRGEN WENZEL

Bild 15 – 56 2369 hat Carl Bellingrodt noch mit Gasbeleuchtung am 17. September 1932 im Bw Bingerbrück angetroffen. Die rechteckige Frontschürze und die nicht vorhandenen Bauteile des Mittelzylinders kennzeichnen die Lok als G 8[2]. Erst am 17. März 1938 bekam sie im RAW Nied elektrische Beleuchtung. AUFN.: SAMMLUNG HELMUT BRINKER

gesehen, die ein gründliches Auswaschen der zwischen den senkrechten Stehbolzenreihen befindlichen Zwischenräume ermöglichen. Ferner befindet sich je eine große Reinigungsluke auf dem Scheitel und am unteren Teil des hinteren Kesselschusses. Weiter sind 16 kleine Auswaschluken mit eingeschraubtem Rotgußfutter vorhanden. Im Bodenring befinden sich außerdem noch sechs Auswaschpfropfen.

Der Überhitzer besteht aus einem gußeisernen Dampfsammelkasten und 34 Überhitzerelementen zu je einem Rohrbündel aus vier Rohrsträngen von 32/40 mm Durchmesser mit angeschweißten vorderen und hinteren Umkehrlappen. Die Überhitzerelemente der beiden oberen Reihen münden von unten, die der unteren Reihen von vorne in die Nassdampf- bzw. Heißdampfkammer des Dampfsammelkastens. Die sonst üblichen Fächerklappen zur Regelung der Überhitzung kommen in Fortfall. Sollte das Fehlen der Klappen eine unzulässige hohe Überhitzung ergeben, so kann durch späteren Einbau eines Hahnes oder durch Bohrungen in der Scheidewand des Dampfsammelkastens Frischdampf in die Heißdampfkammer geleitet und die Überhitzung vermindert werden. Zwischen dem Blasrohr und dem Schornstein ist ein nach beiden Seiten aufklappbarer Funkenfänger aus Drahtgeflecht eingebaut. Das Blasrohr hat einen lichten Durchmesser von 130 mm und ist mit einem Steg von 15 mm Breite versehen. Die Mündung des Blasrohres liegt 220 mm unter Kesselmitte. Der Schornstein hat einen kleinsten lichten Durchmesser von 400 mm und einen lichten Durchmesser von 440 mm an der Mündung.

Das Gewicht des leeren Kessels einschließlich des Domes, der Heiz- und Rauchröhren beträgt rund 18.000 kg. Das Gewicht des Kessels mit grober und feiner Armatur, Regler, Überhitzer, Rost, Speise- und Luftpumpe beträgt rund 25.000 kg.

Rahmenbau

Die beiden Rahmenbarren der Lokomotive liegen zwischen den Rädern und sind je 100 mm stark. Zur Sicherung ihrer gegenseitigen Lage sind sie miteinander verbunden durch den Pufferträger, die Drehzapfenführung aus Flußeisenformguß, den Rauchkammersattel und die darunter liegende Zylinderstrebe aus Flußeisenformguß, den Leitstabhalter, die Bestrebung an der Steuerwelle, den Stehkesselträger und den hinteren Kuppelkasten. Die Achslagerkasten der Trieb- und Kuppelachsen sind an ihren Gleitflächen gehärtet und gleiten zwischen den an die Barrenrahmen geschraubten gehärteten Gleitstücken und den gehärteten Stellkeilen.

Die Tragfedern der Trieb- und Kuppelachsen haben einen Blattquerschnitt von 120 × 13 qmm, die Tragfedern der Laufachse einen solchen von 90 × 13 qmm. Sie liegen an der Laufachse und den beiden vorderen gekuppelten Achsen über den Achslagerkästen. Die Trieb- und hintere Kuppelachse haben auf jeder Seite eine zwischen beiden Achsen liegende gemeinsame Tragfeder. Ferner sind an jedem Ende der über den Achslagerkasten dieser Achsen befindlichen Ausgleichbügel zwei in Pfannen sitzende

Bild 16 – 56 2010 mit seitlich geschlossener Front und Gasbeleuchtung. Sie wechselte 1934 vom Bw Mainz-Bischofsheim (unsere Aufnahme) zur RBD Hannover und wurde 1954 beim Bw Kreiensen ausgemustert. AUFNAHME: HERMANN MAEY, SAMMLUNG HANS-JÜRGEN WENZEL

Spiralfedern eingebaut. An den Tragfedern der Laufachse sind die Federspannschrauben zwecks Sicherung einer ausreichenden Radbelastung beim Befahren von Ablaufbergen und scharfen Krümmungen mit Spiralfedern von je 7.000 kg Tragkraft unterlegt. Die Tragfedern der Laufachse und der zwei vorderen gekuppelten Achsen einerseits und die Tragfedern der Trieb- und hinteren Kuppelachse andererseits sind durch Ausgleichhebel miteinander verbunden. Zwischen der Laufachse und den zwei vorderen gekuppelten Achsen sind die Ausgleichhebel derart angeordnet, dass mittels eines vor der vorderen Kuppelachse liegenden Querhebels auch ein Ausgleich der Radbelastungen zwischen den links- und rechtsseitigen Rädern dieser Achsen erzielt wird. Der Rahmenbau der Lokomotive stützt sich somit auf drei Punkte.

Die Kupplungen am vorderen Ende der Lokomotive und zwischen Lokomotive und Tender sind für eine Zugkraft von 10.000 kg berechnet. Die Grenzbelastung jeder Pufferfeder beträgt 12.000 kg.

Die Stoßpufferpfannen sind so breit gehalten, dass ein Abspringen der Stoßpufferköpfe auch in den stärksten Krümmungen nicht zu befürchten ist.

Die Drehbolzen sämtlicher Ausgleichhebel sowie die Reibflächen der Stoßpuffer und Stoßpufferpfannen werden durch besondere Ölgefäße geschmiert.

Die Laufachse ist in einem durch Drehzapfen und Wiege belasteten, mit vorderen Zugankern versehenen Bisselgestell gelagert. Der seitliche Ausschlag der Laufachse aus der Mittellage in den Krümmungen ist mit 80 mm nach jeder Seite begrenzt. Die Abfederung erfolgt durch zwei über den Achslagerkästen befindliche Tragfedern und vier an den Drehzapfen und Spannschrauben befindliche Spiralfedern. Sämtliche Reibflächen an dem Drehzapfen und an den Führungen werden durch außen am Rahmen leicht zugänglich angeordnete Ölgefäße geschmiert.

Triebwerk

Die beiden waagrecht liegenden Zylinder sind im unteren Teil mit dem Barrenrahmen und der Zylinderstrebe, im oberen Teil mit dem Rauchkammersattel verschraubt. Sie arbeiten mit einfacher Dampfdehnung auf die äußeren Triebzapfen der dritten gekuppelten Achse. Der schädliche Raum in den Zylindern beträgt sowohl

Bild 17 – Eine frühe Aufnahme der am 26. April 1919 abgenommenen Wittenberger **56 2001**. Die letzte HU hatte sie im RAW Sebaldsbrück am 8. Juli 1929 erhalten. Auf dem Tender liegt eine Mischung aus Kohlen und Briketts. Die Lok war bis 1970 in Betrieb, zuletzt beim Bw Vacha. AUFNAHME: WERNER HUBERT, SAMMLUNG HANS-JÜRGEN WENZEL

Bild 18 – 56 2079 vom Bw Rheydt vermutlich in ihrem Heimat-Bw. Abenteuerlich mutet die Schürgerätehalterung „Marke Eigenbau" auf dem Tender an. Die Lok verblieb 1945 als Tr6-7 bei der PKP. AUFNAHME: CARL BELLINGRODT, SAMMLUNG HANS-JÜRGEN WENZEL

Bild 19 – 56 2468 mit Beschilderung „Bw Osnabrück Br", obwohl das Bw seit 1930 „Osnabrück Hbf" hieß. Die letzte Untersuchung fand am 13. Mai 1935 im RAW Lingen statt. Die Lok besitzt durchbohrte Gegengewichte an den Kuppelachsen, elektrische Beleuchtung und einen Speisedom. AUFNAHME: CARL BELLINGRODT, SAMMLUNG JÖRG SAUTER

Bild 20 – 56 2141 (Bw Mainz-Bischofsheim) in ihrem Heimat-Bw mit weitem Schornstein und tieferliegenden Blasrohr. Sie besitzt noch Gasbeleuchtung. Sie schied 1961 beim Bw Rheydt aus. AUFNAHME: HERMANN MAEY, SAMMLUNG HANS-JÜRGEN WENZEL

Bild 21 – Neu an die RBD Hannover wurde **56 2824** geliefert, wie alle ab 1921 gebauten Maschinen mit Speisedom; hier 1927 noch mit Gasbeleuchtung in ihrem Heimat-Bw Seelze. Auf dem Tender liegt ein Berg Brikett. AUFNAHME: WERNER HUBERT, SAMMLUNG HANS-JÜRGEN WENZEL

für die Deckel- als auch für die Kurbelseite etwa 11 % des Hubvolumens. Der Abstand der Kolben in der Endlage ist am vorderen Deckel 16 mm, am hinteren Deckel 21 mm. Der Durchmesser der Kolbenkörper ist fünf mm kleiner als die Zylinderbohrung. Die Stangen werden allein von den Kreuzköpfen und den an den vorderen Zylinderdeckeln befindlichen Führungsbüchsen getragen. Die Kolbenstangenstopfbüchsen entsprechen der Regelbauart.

Die Dampfkolben und Kolbenschieber werden durch drei im Führerhause auf der Heizerseite angebrachte Schmierpumpen mit sichtbaren Ölvorräten und insgesamt 3 × 3 = 9 Abgängen geschmiert. Die Pumpen werden durch ein im Hub regelbares Gestänge von der hintersten Kuppelachse angetrieben.

Jeder Dampfzylinder hat einen durch Preßluft gesteuerten Ventildruckausgleicher und auf dem Schiebergehäuse angebrachtes, ebenfalls durch Preßluft gesteuertes Luftsaugeventil. Der Hahn zur Bestätigung dieser Ventile befindet sich auf der Führerseite über dem Steuerbock. Die Kreuzköpfe sind in der üblichen eingleisigen Bauart ausgeführt.

Sämtliche Trieb- und Kuppelstangen des Triebwerkes haben geschlossene Köpfe und nachstellbare Lagerschalen aus Rotguß mit Weißmetallspiegeln.

Steuerung

Die Steuerung ist für Füllungen von 10 – 80 % für die Vorwärts- und 20 – 70 % für die Rückwärtsfahrt gebaut. Die Dampfverteilung erfolgt durch Kolbenschieber mit einfacher Einströmung der Regelbauart von 220 mm Durchmesser mit Einströmdeckungen von 38 mm und Ausströmdeckungen von 2 mm.

Die Schieberstangen sind am hinteren Ende mit einseitiger prismatischer Führung versehen, um jederzeit den richtigen Einbau der Schieber mit Schieberringfuge nach unten zu sichern. Durch eine Stellschraube an dieser Prismenführung kann der Schieber beim Lahmlegen einer Zylinderseite in seiner Mittelstellung festgelegt werden. Jeder Lokomotive ist ein Stichmaß für die Einstellung der Schieber beigegeben, das den Abstand von der Mitte des Zapfens im Schieberkreuzkopf bis zu einer in die Schieberstange eingeschlagenen Körnermarke festlegt.

Die Schieber werden durch die normale Heusinger-Steuerung bewegt; sie werden auf lineares Voreilen von 5 mm für alle Füllungsgrade eingestellt.

Bremse

Sämtliche Trieb- und Kuppelräder werden einseitig gebremst. Der Gesamtdruck der acht Bremsklötze beträgt bei 3,5 at Druck in den Bremszylindern 70 % des Reibungsgewichtes der betriebsfähigen Lokomotive und kann mittels Zusatzbremse bei 5 at Druck in den Bremszylindern auf etwa 100 % gesteigert werden. Die Bremsklötze haben die Abmessungen der Regelbauart. Das Bremsgestänge ist für einen Ausgleich sämtlicher einzelnen Bremsklotzdrücke eingerichtet. Das Nachstellen der Bremse erfolgt in einfacher Weise mittels zweier in die Zugstangen vor der Bremswelle eingeschalteten Spannschlösser. Das gesamte Übersetzungsverhältnis der Triebradbremse beträgt 1:8. Die Bremse ist eine selbsttätig wirkende Einkammerluftdruckbremse der Regelbauart mit Zusatzbremse und zweistufiger Luftpumpe, die an der rechten Seite des Langkessels gelagert ist. Der Gang der Pumpe wird durch ein auf der rechten Seite des Armaturstutzens angeschlossenes Niederschraubventil geregelt. Die beiden Hauptluftbehälter haben zusammen 800 l Inhalt.

Vorwärmeranlage und Speisevorrichtungen

Die Lokomotive ist mit einer Einrichtung zum Vorwärmen des Speisewassers durch Abdampf versehen. Der Heizdampf für den Vorwärmer wird im Wesentlichen dem Abdampf der Zylinder entnommen und durch eine Rohrleitung von dem Auspuffraum der Zylinder im Rauchkammersattel nach dem Vorwärmer geleitet. Außerdem wird noch der Abdampf der Luft- und Wasserpumpe dem Vorwärmer zugeführt. Das im Vorwärmer niedergeschlagene Wasser fließt durch einen Kondenstopf auf die Strecke; aus dem Kondenstopf wird der mit dem Wasser zugeführte Dampf durch ein Rohr in den Aschkasten geleitet. Der Vorwärmer besteht aus einem runden Hohlkörper aus Flußeisenblech, der ein Bündel U-förmig gebogener Messingröhren von 13/16 mm Durchmesser in sich aufnimmt. Das vorzuwärmende Speisewasser fließt durch diese außen vom Abdampf umspülten Röhren, deren Enden in eine als Boden einer Wasserkammer ausgebildete Rohrwand eingewalzt sind, mit mehrfachem Richtungswechsel. Auf dem Deckel der Wasserkammer ist ein Mehrweghahn eingebaut, mittels dessen je nach Stellung des Hahnkükens das Wasser in der einen oder anderen Richtung durch das Rohrbündel des Vorwär-

Bild 22 – Auch **56 2821** wurde in ihrem Heimat-Bw Seelze 1927 aufgenommen. Gerade mal drei Jahre alt ist die am 11. Juni 1925 gelieferte Lok. Sie blieb als Tr6-19 bei der PKP.
AUFNAHME: WERNER HUBERT, SAMMLUNG HANS-JÜRGEN WENZEL

mers geleitet werden kann. Eine dritte Stellung des Hahnkükens ermöglicht ein Speisen des Kessels unter Umgehung des Vorwärmers, so dass im Notfall auch bei starken Undichtigkeiten am Vorwärmer die Kolbenpumpe für das Speisen des Kessels verwendbar bleibt. Der Vorwärmer ist auf dem linksseitigen Umlaufblech so gelagert, daß die Rohrwand mit dem Rohrbündel leicht aus- und eingebaut werden kann.

Zur Förderung des Speisewassers dient eine mit Dampf betriebene Kolbenpumpe, Bauart Knorr-Bremse, die das Speisewasser aus dem Tender ansaugt und durch das Rohrbündel des Vorwärmers in den Kessel drückt.

Dampfzylinder und Steuerung der an der linken Seite des Langkessels sitzenden Wasserpumpe sind in genauer Übereinstimmung mit den gleichen Teilen der Luftpumpe ausgeführt.

Der Gang der Speisepumpe läßt sich durch ein an der linken Stehkesselseite angebrachtes Niederschraubventil auf eine Hubzahl von 40 bis 1 in der Minute einstellen, so daß die Pumpe zum andauernden Speisen des Kessels während der Fahrt verwendet werden kann. Der Gang der Pumpe läßt sich nach dem Zeigeranschlag eines Manometers beurteilen, das im Führerstand vor dem Heizerstand angebracht ist. Auf der linken Seite des Stehkessels befindet sich außerdem noch eine Dampfstrahlpumpe der Regelbauart von 2501 Leistung in einer Minute.

Im vorderen Teil des Langkessels ist ein Schlammabscheider eingebaut. Das von den Pumpen kommende Speisewasser wird in den Dampfraum des Kessels geleitet und am Eingang in den Kessel durch Streudüsen verteilt, so daß eine ausgiebige Erwärmung, die als Vorbedingung für das Abscheiden des Kesselsteines anzusehen ist, gesichert wird. Der Kesselstein setzt sich an den über den Rauchröhren und seitlich vom Rohrbündel befindlichen Rieselblechen ab, während der im Wasser abgeschiedene Schlamm nach dem am Kesselbauch sitzenden Schlammsack mit Ablaßhahn geführt wird.

Besondere Einrichtungen

Die Lokomotive hat die nachstehend besonderen Einrichtungen:

a. Preßluftsandstreuer mit Fallröhren, die vor die erste, zweite, dritte und vierte gekuppelte Achse bei Vorwärtsfahrt streuen,
b. Rauchverbrenner der Bauart Marcotty,

Bild 23 – 56 2452 in ihrem Heimat-Bw Bingerbrück. Die letzte Untersuchung hatte am 7. Februar 1933 im RAW Nied stattgefunden. Auch 56 2452 endete 1961 beim Bw Rheydt.
AUFNAHME: HERMANN MAEY, SAMMLUNG HANS-JÜRGEN WENZEL

c. Thermoelektrisches Barometer zum Messen der Dampfwärme im Schieberkasten des rechten Zylinders,
d. Spurkranznässung an den Rädern der Laufachse,
e. Dampfheizungseinrichtung.

Tender

Die Lokomotive ist mit einem dreiachsigen Tender gekuppelt, der 20 cbm Wasser und 6.000 kg Kohle faßt. Die Bauart des Rahmens und des Wasserkastens ist anschließend an die Ausführung des 16,5-cbm-Tenders der preußischen Staatsbahnen durchgeführt. Die Stärke der Rahmenbleche beträgt 20 mm. Anstelle einer hinteren Einlauföffnung zum Füllen des Wasserkastens sind zwei an den hinteren Längsseiten der Wasserkastendecke angebrachte Einlauföffnungen vorgesehen. Die Abmessungen der Einlauföffnungen sind so gewählt, daß an den Wasserkranen mit Gelenkausleger von annähernd der doppelten Auslegerlänge ohne Unterbrechung für das Füllen des Tenders verwendbar ist. Die Bremse wirkt als Luftdruck- oder als Wurfhebelbremse beiderseitig auf alle Räder des Tenders. Die Luftdruckbremse ist ausgeführt nach der Bauart Kunze-Knorr. Der gesamte Bremsklotzdruck beträgt 90 % vom Leergewicht des Tenders und 65 % vom Gewicht des Tenders mit gefüllten Vorratsbehältern.

Die Hauptabmessungen des Tenders sind:

Raddurchmesser im Laufkreis	1.000 mm
Radstand	3.900 mm
Abstand zwischen den beiden Vorderachsen	2.400 mm
Wasservorrat	20 cbm
Kohlenvorrat	6.000 kg
Leergewicht	21.500 kg
Dienstgewicht	47.500 kg

Die Verbindung zwischen Lokomotive und Tender erfolgt nach der Regelbauart mittels Haupt- und Notkupplungseisen und abgefedeter Stoßpuffer mit keilförmig gestalteten Stoßpuffertöpfen und Stoßpufferpfannen.

Hier endet die Beschreibung des EZA. Die darin enthaltene Übersichtszeichnung finden Sie im Vorsatz des Buches.

Unterschiede der G 8^3

Alle drei Zylinder arbeiten mit einfacher Dampfdehnung, die beiden waagerecht liegenden Außenzylinder und der nach hinten geneigte Innenzylinder liegen in der gleichen Querebene und sind im unteren Teil mit dem Barrenrahmen und der Zylinderstrebe, im oberen Teil Flansch an Flansch miteinander verschraubt. Sie arbeiten auf die gekröpfte Achswelle und die äußeren Triebzapfen der dritten gekuppelten Achse. Die Zylindermitte des Innenzylinders kreuzt die Achsmitte der Kropfachse in 100 mm Abstand.

Der Durchmesser aller Kolbenkörper ist 5 mm kleiner als die Zylinderbohrung. Der hintere Kopf der inneren Triebstange besteht aus zwei Teilen, dem Bügel und dem am hinteren Ende des Stangenschaftes sitzenden vorderen Teil, an dem der Bügel mittels seiner schraubenförmigen Enden durch Muttern und Gegenmuttern befestigt wird. Das Lager wird durch Beilagen eingestellt.

Die Schieberbewegung für den Innenzylinder setzt sich zusammen aus den von den Schieberkreuzköpfen der Außensteuerungen entnommenen Einzelbewegungen, die mittels einer im Rahmenbau fest gelagerten Welle und einer auf dieser gelagerten schwingenden Welle passend vereinigt werden.

Das lineare Voreilen des Innenschiebers ist zufolge der Unregelmäßigkeiten in den von den Außensteuerungen entnommenen Teilbewegungen mit den Füllungsgraden veränderlich. In der Mittellage der Steuerung, also bei deren Einstellung auf 0 % Füllung, beträgt bei vollem Dampfdruck im Kessel das lineare Voreilen des Innenschiebers vorn 5 mm, hinten 3 mm.

Technische Daten im Vergleich

Die Hauptabmessungen der G 8^2 und G 8^3 (nur abweichende Werte) laut Merkbuch 1931:

	G 8^2	G 8^3	
Zylinderdurchmesser	630	3x520	mm
Kolbenhub	660		mm
Treibraddurchmesser	1.400		mm
Laufraddurchmesser	1.000		mm
Kesselüberdruck	14		kg/cm^2
Anzahl der Heizrohre	190	189	
Heizrohrdurchmesser	41/46		mm
Anzahl der Rauchrohre	34		
Rauchrohrdurchmesser	125/133		mm
Rohrlänge zwischen den Rohrwänden	4.100		mm
Überhitzerrohrdurchmesser	30/38		mm
Überhitzerheizfläche	53,12		m^2
Gesamtheizfläche (ohne Überhitzer)	167,43	167,03	m^2
Rostfläche	3,4	3,43	m^2
Fester Achsstand	4.500		mm
Gesamter Achsstand Lok	7.000		mm
Länge über Puffer (Lok mit Tender)	16.995		mm
Kesselmitte über SO	3.000		mm
Lichtraumhöhe	4.280		mm
Leergewicht Lok	75,6	76,7	t
Dienstgewicht Lok ohne Tender	83,5	84,3	t
Dienstgewicht (Lok u. Tender mit ⅔ Vorräten)	120,4	121,2	t
Achslast Laufachse	13,3	13,6	t
Achslast 1. Kuppelachse	17,4	17,5	t
Achslast 2. Kuppelachse	17,5	17,6	t
Achslast 3. Kuppelachse	17,6	17,7	t
Achslast 4. Kuppelachse	17,7	17,9	t
Wasservorrat	20		m^3
Kohlevorrat	6		t
Größte Geschwindigkeit	65		km/h

Bauartänderungen

Neben dem Umbau zu Kohlenstaublok (siehe gesondertes Kapitel) sind nicht viele Bauartänderungen zu nennen. Leider gibt es keine vollständige Übersicht. Die nachstehenden Angaben stammen meist aus den Betriebsbüchern, Seiten „Änderung der Bauart" in Stammteil, Kesselheft und Tenderheft.

Durch HV-Verfügung vom 12. Oktober 1923 wurde der Kesseldruck von 12 auf 14 atü erhöht. Die Lok erhielten in den zwanziger Jahren Hülsenpuffer statt Stangenpuffer, verstärkte Zughaken bzw. Zughaken aus hochwertigem Baustoff, Geschwindigkeitsmesser sowie ab 1934 elektrische Beleuchtung an Stelle der bisherigen Gasbeleuchtung. Laut Verfügung der HV vom 17. Oktober 1934 (31 Fkl 574) wurde die Heraufsetzung der Geschwindigkeit (nur) für die Beförderung von Personenzügen von 65 auf 75 km/h genehmigt nach Durchbohren der Gegengewichte der Kuppelachsen (nicht der Treibachse) und Anbringung des Umstelldrosselhahns (P-G-Bremse). Dieser Maßnahme erteilte die HV die Sonderarbeits-Nummer 594. Für Güterzüge blieb es bei der Hg von 65 km/h.

Kriegsbedingt wurde ab 1940 das Buntmetall ausgebaut. Für den Einsatz in Russland wurden die Lok mit Frostschutz ausge-

Bild 24 – Vergleichsaufnahme der beiden Bauarten: **56 2815** (Unt. 23. April 1932) vom Bw Wittenberge als Wendelok im Bw Wustermark neben der hier beheimateten **56 121**.
AUFNAHME: CARL BELLINGRODT, SAMMLUNG HANS-JÜRGEN WENZEL

rüstet: Vorwärmer und Kolbenspeisepumpe abgebaut und letztere durch eine zweite Strahlpumpe ersetzt. Der Abdampf der Lichtmaschine führte nicht mehr in den Vorwärmer, sondern ins Freie. Das Führerhaus erhielt eine Holzverschalung nach rückwärts, die kaum den eisigen Fahrtwind Russlands abhielt. Lichtmaschine, Kesselspeiseventil, Pumpen und Rohrleitungen wurden abisoliert. Verschiedene Ostlok, so auch 56 2254, bekamen zur Erhöhung des Wasservorrats einen zweiten Tender. Wegen zunehmenden Tieffliegerbeschusses versah man 1944 auch die 56^{20} mit „Behelfspanzerung“: einfache Blechplatten an der Führerhausseitenwand, die mehr der Beruhigung der Bürostrategen dienten. Denn da die Fenster frei blieben, nützte die Panzerung nicht viel, außer das Personal hockte sich hin, was bei der Fahrt kaum möglich war.

Größere Bauartänderungen nahmen die Nachkriegsverwaltungen nicht vor. Vorwärmer und zweite Strahlpumpen wurden wieder angebaut (nicht bei allen Lok), die Lok bekamen Läutewerke. An der Rauchkammer verschwand der Zentralverschluss (Handrad), Vorreiber mussten nunmehr zur Schließung genügen.

Bild 25 – 56 2278 (Bw Oldenburg Vbf) war eine von sechs mit Lentz-Ventilsteuerung gelieferten G 8^2. Sie entstammt einer Hanomag-Serie von Oktober und November 1921 von fünf Lokomotiven für die Rbd Oldenburg (Nr. 281-285, ab 1926 56 2276-2280). Die abweichende Bauform des Steuerungsträgers ist dem nicht vorhandenen Schieberkasten geschuldet. Die fünf Lok wurden Ende der dreißiger Jahre auf Normalausführung umgebaut. 56 2278 blieb Oldenburg „treu“ und wurde 1958 beim Bw Oldenburg Vbf ausgemustert.
AUFNAHME: WERNER HUBERT, SAMMLUNG HANS-JÜRGEN WENZEL

Bild 26
Die Vereinigten Eisenbahn-Signalwerke und die C. Lorenz AG entwickelten eine Induktive Zugbeeinflussung der Resonanzbauart mit drei Frequenzen (damals noch induktive Zugsicherung genannt). 1927 fanden Versuchsfahrten mit der Wittenberger **56 2891** auf der Strecke Ludwigslust – Wittenberge statt. Die vom Schuppenmann angebrachte Kreideanschrift am rechten Puffer besagt, dass die Lok am 10. Februar um 10.00 Uhr zu einer Messfahrt zur Verfügung stehen, also vollen Kesseldruck aufweisen musste. Der Magnet war am ersten Drehgestell des vierachsigen Tenders angebracht.

AUFNAHME:
WALTER HOLLNAGEL,
SAMMLUNG EISENBAHNSTIFTUNG

Bild 27
Die Detailansicht zeigt Einzelheiten der elektrischen Ausrüstung. Während der Fahrt blieb der Kasten selbstverständlich durch eine Klappe verschlossen.

AUFNAHME:
WALTER HOLLNAGEL,
SAMMLUNG HELMUT GRIEBL

Die Laufachse der DB-Lok 56 2736 war ein Leichtradsatz (ohne Speichen), weitere sind möglich, aber nicht bewiesen. Blechrückwände im Führerhaus erhielten 1949-1953 mindestens 77 DB-Lok (Bildbeweis für 56 2621 und 56 2783)

56 2027 2043 2044 2051 2058 2080 2102 2106 2114 2118
2119 2134 2148 2150 2155 2160 2165 2191 2197 2199
2205 2223 2237 2252 2255 2262 2267 2268 2295 2303
2306 2312 2324 2352 2357 2358 2364 2373 2387 2405
2408 2421 2427 2431 2434 2439 2442 2469 2478 2560
2561 2574 2583 2585 2587 2621 2642 2656 2659 2674
2678 2681 2686 2715 2747 2754 2762 2783 2791 2803
2838 2863 2889 2892 2894 2903 2904

Soweit noch vorhanden, bekamen die 56^{20} ab 1956 das dritte Spitzenlicht und ab 1957 Metallschilder. 56 2225 des Bw Kiel erhielt im Mai 1949 laut Betriebsbuch Windleitbleche; ein Bild ist nicht bekannt.

Die **Deutsche Reichsbahn** verfügte Anfang der sechziger Jahre:

- Dreilicht-Spitzensignal
- Federfangbügel
- Kasten für Zugschlusssignale
- Kohlennässvorrichtung
- Läutewerk
- Rangierfunk
- Rangiertritte
- Steuerung mit Miramidbuchsen
- Wasserkastendeckelbetätigung von der Lok aus.

Bild 28 – Die Kohlenstaublok **56 2130** der Bauart StUG um 1930 in ihrem Heimat-Bw Halle. Nach langer Abstellzeit baute das Raw Cottbus sie 1960 mit dem Rahmen der 56 2644 zur Rostlok um. Sie war noch sieben Jahre in Sangerhausen beheimatet, bis ein Rahmenriss am 3. Juni 1967 ihr Dasein beendete.
AUFNAHME: SAMMLUNG DIERK LAWRENZ

Bild 29 – Die AEG lieferte im Oktober 1928 zwei Kohlenstaublok Bauart AEG, die wie die abgebildete **56 2906** beim Bw Halle in Fahrt kamen und im Mai 1939 nach Senftenberg versetzt wurden. Als Schadparklok der DR wurde sie lange herumgeschoben und 1953 ausgemustert.
AUFNAHME: WERKBILD, SAMMLUNG HANS-JÜRGEN WENZEL

Kohlenstaublok

Zum Thema Kohlenstaublokomotiven liegt das ausgezeichnete Buch von Dirk Winkler vor: „Kohlenstaub-Lokomotiven der Deutschen Reichsbahn“ (EK-Verlag 2003). Daher will ich hier nur kurz an die vier mit Braunkohlenstaub gefeuerten $G\,8^2$ 56 2130, 2801, 2906 und 2907 erinnern.

Die beiden Lok 56 2130 und 2801 wurden von der StUG (Studiengesellschaft für Kohlenstaubfeuerung auf Dampflokomotiven) umgebaut. Die beiden Neubaulok 56 2906 und 2907 nach der Bauart AEG wurden im Oktober 1928 abgenommen. Die StUG rüstete auch vier G 12 um: 58 1353, 1677, 1722, 1794, die AEG zwei: 58 1416 und 1894.

Alle vier Kohlenstaub-56^{20} waren im Dezember 1930 mit den sechs Kohlenstaub-G 12 im Bw Halle beheimatet und folgten im Mai 1939 den schon 1936/37 abgegebenen sechs G 12 nach Senftenberg. Um es vorweg zu nehmen: Bei Kriegsende waren sie bei der DR/SBZ abgestellt und kamen nicht mehr als Kohlenstaublok in Betrieb. Das Raw Halle baute 56 2907 am 4. Januar 1954 zu einer Rostlok um. 56 2130 wurde am 19. April 1956 ausgemustert, aber das Raw Cottbus baute 56 2130 bei einer L 4 (19.07.58 – 29.06.60) mit dem Rahmen der 56 2644 ebenfalls als Rostlok auf. Geht man vom neuen Rahmen aus, hätte die Betriebsnummer 56 2644 lauten müssen; indessen blieb es bei 56 2130 in zweiter Besetzung. 56 2801 und 56 2906 blieben bis zur Ausmusterung 1960 bzw. 1953 im Schadpark. Zwei Kohlenstaubtender der Reihe 56^{20} fanden beim weiteren Umbau der G 12 in Kohlenstaublok Verwendung.

56 2130	
Halle G abg w L 4	15.04.45 –
RBD Halle an RBD Greifswald	04.07.47 –
Neustrelitz w L 4	15.08.47 – 17.06.48
Bitterfeld abg.	19.06.48 – 01.05.52
Angermünde abg.	02.05.52 –
ausgemustert	19.04.56
Raw Cs L 4	19.07.58 – 29.06.60
(„Umbau“ Rostlok; siehe Text)	
56 2801	
Aschersleben abg.	(11.45) – 07.04.57
Halle G A-Park	08.07.47 –
Bitterfeld Schadpark	03.48 – 01.05.52
Stralsund Schadpark	02.05.52 – 31.01.59
Kamenz Schadpark	01.02.59 –
+	09.02.60
zerlegt	20.04.60
56 2906	
Aschersleben abg.	(11.45) – 11.07.47
Halle G w L 4	12.07.47 – 10.11.48
Pasewalk abg.	11.12.48 –
ausgemustert	21.12.53
56 2907	
Aschersleben abg.	(11.45) –
Halle G w L 3	08.07.47
Bitterfeld abg.	11.47 – 10.12.48
Pasewalk abg.	11.12.48
Raw Halle E I (Umbau Rostlok)	01.10.53 – 04.01.54

Erbauer, Betriebsnummern und Umzeichnung

Die G 8^3 und G 8^2 wurden umgezeichnet gemäß Plan für die Umzeichnung der ehemals preuß.-hess. G-Lokomotiven (endgültig) – Eisenbahn-Zentralamt (5357/281) vom 11. Dezember 1925.

Die nachstehenden Baujahre entsprechen den Angaben im Umzeichnungsplan. Köln wird hier bereits mit „K" geschrieben, Cassel noch nicht. Die Betriebsnummern 31 658-729 stehen nur im vorläufigen U-Plan und waren an den Lok nicht angeschrieben. Dafür dass Lok verzeichnet sind, die nie umgezeichnet, sondern sofort mit Reichsbahn-Betriebsnummern geliefert wurden, ist bislang keine Begründung bekannt geworden. Im U-Plan fehlen die „Nachzügler" 56 2908-2916. Die Vertragsnummern wurden nicht „baureihenrein" vergeben. So umfasst der mit Henschel & Sohn geschlossene Vertrag A I 1223 30 P 8 (2787-2799 Efd, 2900-2916 Efd), 60 G 8^2 (4937-4996 Cas), 12 T 13 (7914-7926 Kbg) und 30 T 16^1 (8646-8675 Esn).

Im U-Plan waren für einige Nummerngruppen die Lieferer der Schilder festgelegt:

G 8^3 Für die Lok 56 101-179 vom Bbw Tempelhof Verschiebebf.
Für die Lok 56 180-195 werden die Nummer- und Gattungsschilder noch beschafft. Abrufstelle wird noch bekannt gegeben,

G 8^2 Für die Lok 56 2001-2450 vom EAW Brandenburg West, Lager C,
Für die Lok 56 2451-2485 werden die Nummer- und Gattungsschilder noch beschafft. Abrufstelle wird noch bekannt gegeben.
Für 56 2551-2916 war eine Regelung nicht getroffen.

G 8^3

Henschel & Sohn 1919		
16443-16446	5901-5904 Cöl	56 101-104
Henschel & Sohn 1920		
16447-16449	5380-5382 Bsl	56 105-107
16450-16452	5351-5353 Cas	108-110
17113-17114	5651-5652 Bsl	111-112
17115-17122	5393-5400 Bsl	113-120
17123-17137	5336-5350 Cas	121-135
17138-17145	5905-5914 Cöl	136-145
17148-17162	5371-5385 Erf	146-160
17163-17172	5901-5910 Fft	161-170
17173-17187	5201-5215 Tri	171-185

G 8^2

Henschel & Sohn 1919		
16710-16714	5361-5365 Cas	56 2001-2005
16715-16719	5351-5355 Erf	2006-2010
Henschel & Sohn 1920 – Vertrag A I 1136		
17988-17997	5901-5910 Op	56 2011-2020
17998-18007	5651-5660 Mgd	2021-2030
18008-18017	5366-5375 Cas	2031-2040
18018-18027	5701-5710 Köl	2041-2050
Henschel & Sohn 1921		
18051-18060	5351-5360 Mz	56 2051-2060
18061-18084	5376-5399 Cas	2061-2084
18085-18150	5001-5066 Cas	2085-2150
Jung 1921		
3211-3215	5901-5905 Han	56 2151-2155
Jung 1921 – Vertrag A I 1126		
3216-3221	5906-5911 Han	56 2156-2161
Jung 1921		
3222-3224	5912-5914 Han	56 2162-2164
Jung 1921 – Vertrag A I 1126		
3225-3226	5915-5916 Han	56 2165-2166
3227-3228	5067-5068 Cas	2167-2168
Henschel 1921 – Vertrag A I 1193		
18380-18399	5076-5095 Cas	56 2169-2188
Jung 1921 – Vertrag A I 1205		
3229-3235	5069-5075 Cas	56 2189-2195
Jung 1921 – Vertrag A I 1199		
3271-3278	5096-5103 Cas	56 2196-2203
Hanomag 1921 – Vertrag I 1192		
9709-9728	5124-5143 Cas	56 2204-2223
9734-9740	5144-5150 Cas	2224-2230
9741-9746	4820-4825 Cas	2231-2236
9766-9768	4826-4828 Cas	2237-2239
Henschel & Sohn 1921 – Vertrag A I 1199		
18400-18409	5104-5113 Cas	56 2240-2249
18525-18534	5114-5123 Cas	2250-2259
Jung 1921 – Vertrag A I 1199		
3279-3290	4829-4840 Cas	56 2260-2271

Bild 30
Ein reisender Fotograf zog 1920/21 von Bw zu Bw und verdiente sein Geld mit Gruppenaufnahmen. So nahm er am 26. Januar 1921 die Belegschaft des Bw Lübbenau vor der im Oktober 1920 gelieferten Lok 5909 Saarbrücken (**56 179**) auf. Der Herr vorn mit Anzug und Krawatte scheint der Bw-Vorsteher zu sein.

AUFNAHME:
SAMMLUNG DR. THOMAS SAMEK

Bild 31
Am 17. Juli 1920 weilte „unser" Fotograf in der Bwst Meiningen, wo er die Lok 5351 Erfurt antraf, die spätere **56 2006**. Ausgerechnet sie war 1920 die einzige G 8^2 des Bw Meiningen.

AUFNAHME:
SAMMLUNG DR. PAUL RECKNAGEL

Bild 32
5352 Erfurt (**56 2007**) wurde im Juni 1919 von Henschel an die Rbd Erfurt geliefert. Lokführer und Heizer präsentieren sich zur Erinnerung. Die Lok verblieb 1945 bei der MPS.

AUFNAHME:
WERNER HUBERT,
SAMMLUNG EK-VERLAG

Bild 33
5354 Erfurt (**56 2009**) gehörte 1920 zur Bwst Coburg. Ob die Aufnahme hier entstand, ist unbekannt. Die Lok wurde – wie die gesamte Erfurter Gruppe 5351-5355 – alsbald zur Rbd Mainz abgegeben. 1959 kam sie – nach einigen Zwischenstationen – wieder nach Thüringen zurück und schied 1970 beim Bw Saalfeld (Saale) aus.

AUFNAHME:
WERNER HUBERT,
SAMMLUNG HANS-JÜRGEN WENZEL

Bild 34
„Unser“ Fotograf traf am 25. Juli 1921, ein halbes Jahr nach Anlieferung, Lok 5704 Cöln (später **56 2042**) im Bw Oberlahnstein an. Georg Otte fuhr auf ihr 1942 im besetzten Orscha. Sie beschloss ihr Dasein im Jahr 1959 beim Bw Hannover-Linden.

AUFNAHME:
EISENBAHNFREUNDE LAHNSTEIN,
SAMMLUNG HANS-JÜRGEN WENZEL

Bild 35
Werkaufnahme der Henschel-Lok 5653 Magdeburg, neu geliefert an die Rbd Breslau. Die spätere **56 2023** war lange in Brockau beheimatet, gelangte 1944 „in den Westen“ und wurde 1954 beim Bw Oldenburg Vbf aus den Listen gestrichen.

AUFNAHME:
WERKBILD HENSCHEL,
SAMMLUNG DR. THOMAS SAMEK

Hanomag 1921 – Vertrag A I 1222		
9747-9750	4912-4915 Cas	56 2272-2275
Hanomag 1921		
9751-9755	281-285 Old	56 2276-2280
Hanomag 1921 – Vertrag A I 1222		
9867-9887	4916-4936 Cas	56 2281-2301
Henschel & Sohn 1921 – Vertrag A I 1223		
18809-18831	4937-4959 Cas	56 2302-2324
Henschel & Sohn 1922		
18832-18868	4960-4996 Cas	56 2325-2361
Jung 1922 – Vertrag A I 1230		
3301-3304	4997-5000 Cas	56 2362-2365
3305-3317	3301-3313 Cas	2366-2378
Linke-Hofmann 1922 – Vertrag AI 1232		
2469-2494	3314-3339 Cas	56 2379-2404
Krupp 1921 – Vertrag A I 1235		
196-226	4841-4871 Cas	56 2405-2435
Krupp 1921 – Vertrag A I 1319		
227-228	4872-4873 Cas	56 2436-2437
Krupp 1921 – Vertrag A I 1235		
229	4874 Cas	56 2438

Krupp 1921 – Vertrag A I 1319		
230-252	4875-4897 Cas	56 439-2461
Krupp 1922 – Vertrag A I 1319		
253-266	4898-4911 Cas	56 2462-2475
Linke-Hofmann 1922 – Vertrag A I 1346		
2747-2756	3372-3381 Cas	56 2476-2485
Henschel 1923 – Vertrag A I 1350		
19288-19307	3352-3371 Cas	56 2551-2570
Henschel 1923 – Vertrag A I 1359		
19591-19600	3392-3401 Cas	56 2571-2580
19601-19605	3402-3406 Cas	2581-2585
Henschel 1923 – Vertrag A I 1350		
19581-19590	3460-3469 Cas	56 2586-2595
Jung 1923 – Vertrag A I 1357		
3321-3332	3340-3351 Cas	56 2596-2607
3333-3334	3407-3408 Cas	2608-2609
3335	3470 Cas	2610
3405-3410	3471-3476 Cas	2611-2616

Bild 36 – Werkbild der im Mai 1921 von Jung (1921/3220) gelieferten 5910 Hannover. Sie besitzt die preußischen Stangenpuffer. Die spätere **56 2160** wurde 1954 nach 33 Dienstjahren beim Bw Gronau ausgemustert. AUFNAHME: WERKBILD JUNG, SAMMLUNG STEFAN LAUSCHER

Linke-Hofmann 1923 – Vertrag A I 1359

2757-2766	3382-3391 Cas	56 2617-2626
2797-2800	3409-3412 Cas	2627-2630
2801-2805	3477-3481 Cas	2631-2635

AEG 1923 – Vertrag A I 1401

2647-2652	3413-3418 Cas	56 2636-2641
2658	3419 Cas	2642
2653-2657	3482-3484 Cas	2643-2647

AEG 1923 – Vertrag A I 1360

2653-2657	3485-3486 Cas	56 2643-2647

Krupp 1923 – Vertrag A I 1366

593-622	3420-3449 Cas	56 2648-2677

Krupp 1923 – Vertrag A I 1366

623-632	3420-3449 Cas	56 2678-2687

Henschel 1923 – Vertrag A I 1350

19912-19921	(31 658-667)	56 2688-2697

Bild 37
Werkaufnahme der Lok 281 Oldenburg mit Lentz-Ventilsteuerung, die um 1939 ausgebaut wurde. Lok **56 2277** schied 1958 beim Bw Delmenhorst aus.

AUFNAHME: WERKBILD HANOMAG, SAMMLUNG HANS-JÜRGEN WENZEL

Bild 38 – Auch die am 1. September 1921 abgenommene 4841 Cassel (**56 2405**) erhielt wohl wegen der bevorstehenden Umzeichnung keine Metallnummernschilder mehr. Die Lok war, abgesehen vom Osteinsatz, immer im Raum Oldenburg/Osnabrück und schied 1954 beim Bw Delmenhorst aus. Allerdings war sie 1942/43 vorübergehend im Baltikum eingesetzt (RVD Riga: Schreyenbusch, Schaulen, Dünaburg).
AUFNAHME: WERKBILD KRUPP, SAMMLUNG ANDREAS KNIPPING

Jung 1923 – Vertrag A I 1357

3411-3413	(31 668-670)	56 2698-2700

AEG 1923 – Vertrag A I 1401

2674-2675	(31 671-672)	56 2701-2702
2702	(31 673)	2703

Jung 1923 – Vertrag A I 1482

3414-3416	(31 674-676)	56 2704-2706
3461-3466	(31 677-682)	2707-2712

Linke-Hofmann 1923 – Vertrag A I 1484

2825-2830	(31 683-688)	56 2713-2718

AEG 1923 – Vertrag A I 1486

2659-2660	(31 689-690)	56 2719-2720
2668-2671	(31 691-694)	2721-2724
2672-2673	(31 730-731)	2725-2726

Krupp 1923 – Vertrag A I 1457

633-667	(31 695-729)	56 2727-2761

Bild 39
Nur für Fotozwecke erhielt die spätere **56 2702** die vorläufige Nummer **31 672**. Links ein um 1940 abgeschafftes dreiflügeliges Hauptsignal (Hp 3). Es bedeutete „Fahrt frei mit Beschränkung auf eine besonders festgesetzte Geschwindigkeit"; diese war im Bahnhofsbuch festgelegt. Die lange der RBD Halle gehörende Lok verblieb 1945 bei der MPS. Der schwarz/graue Anstrich diente nur Fotografierzwecken.

AUFNAHME:
WERKBILD AEG,
SAMMLUNG EK-VERLAG

Bild 40
Auch die im Juni 1923 gelieferte **56 2735** wurde nur für die Werkaufnahme wie ersichtlich beschriftet. Die Lok wurde schon 1952 beim Bw Oldenburg Vbf ausgemustert.

AUFNAHME:
WERKBILD KRUPP,
SAMMLUNG GÜNTER KRALL

Bild 41
Blick in eine Fabrikhalle der Firma Jung, Jungenthal bei Kirchen a. d. Sieg, mit Montage u. a. von $G\,8^2$. Im Hintergrund erkennt man die frisch gestrichene Lok 4829 Cassel (**56 2260**), die im Oktober 1921 an die Rbd Mainz geliefert und 1946 zur PKP Tr6-10 wurde.

AUFNAHME:
WERKBILD JUNG,
SAMMLUNG STEFAN LAUSCHER

Henschel 1923 –Vertrag A I 1475
19922-19931 56 2762-2771
19980-19983 56 2772-2775
Jung 1923 – Vertrag A I 1482
3467-3469 56 2776-2778
3474-3480 56 2779-2785
Linke-Hofmann 1923 – Vertrag A I 1484
2607-2616 56 2786-2795
2722-2723 2796-2797
AEG 1923 – Vertrag A I 1486
2706-2713 56 2798-2805
2718-2719 2806 2807
Krupp 1924 – Vertrag A I 1703
747-768 56 2808-2829
798-817 2830-2849
Jung 1924 – Vertrag A I 1762
3515-3516 56 2850-2851

Jung 1924 – Vertrag A I 1762
3517-3526 56 2852-2861
3552-3553 2862-2863
Linke-Hofmann 1924 – Vertrag A I 1764
2864-2868 56 2864-2878
AEG 1924 – Vertrag A I 1766
2742-2743 56 2879-2880
AEG 1924 – Vertrag A I 1703
2744-2747 56 2881-2884
2749-2759 2885-2895
2775-2782 2896-2903
2783 2904
2784 2905
AEG 1927 gel. 29.10.28, 12.10.28
3518-3519 56 2906-2907
AEG 1927
2855-2857 ? 56 2908-2910
AEG 1928
3952-3957 56 2911-2916

Bild 42
Die Internationale Eisenbahntechnische Ausstellung fand vom 21. September bis 5. Oktober 1924 auf dem Verschiebebahnhof Seddin statt. Die AEG war u. a. mit der Lok **56 2900** vertreten, die laut Bildbeschriftung eine „Vorrichtung zur Signalübertragung" trug. Die Lok wurde nach der Ausstellung der Rbd Essen zugeteilt. Sie stand nach Kriegsende kriegsbeschädigt im RAW Weiden und schied 1950 aus.

Aufnahme:
Sammlung Hans-Jürgen Wenzel

Die besetzten Betriebsnummern in Preußen

ED Berlin	5380-5382	G 8^3
ED Breslau	5393-5400	G 8^3
	5651-5652	G 8^3
ED Cassel	3301-3486	G 8^2
	4820-5150	G 8^2
	5336-5353	G 8^3
	5361-5399	G 8^2
ED Erfurt	5351-5355	G 8^2
	5371-5385	G 8^3
ED Frankfurt	5901-5910	G 8^2
ED Hannover	5901-5916	G 8^2
ED Köln	5701-5710	G 8^2
	5901-5914	G 8^3
ED Magdeburg	5651-5660	G 8^2
ED Mainz	5351-5360	G 8^2
ED Oppeln	5901-5905	G 8^2
ED Sbr/Trier	5201-5215	G 8^3

Abweichungen bei den Fabriknummern

Entgegen dem U-Plan müssen die Jung-Fabriknummern anders zugeordnet werden. Das Jung-Lieferbuch gibt dazu keine Betriebsnummern an.

23/3333	3470 Cas	56 2610	
23/3334	3471 Cas	56 2611	BB 56 2611: F.-Nr. 3334
23/3335	3472 Cas	56 2612	BB 56 2612: Erstkessel-F.-Nr. 3335
23/3405	3473 Cas	56 2613	
23/3406	3474 Cas	56 2614	BB 56 2614: F.-Nr. 3406
23/3407	3475 Cas	56 2615	
23/3408	3476 Cas	56 2616	
23/3409	3407 Cas	56 2608	BB 56 2608: F.-Nr. 3409

Auch bei der AG gab es am Ende Unstimmigkeiten; leider ist die Lieferliste lückenhaft.

Abweichend vom U-Plan stehen in den Betriebsbüchern der Lok 56 2904 und 2905 die Fabriknummern AEG 24/2784 und 24/2783. 56 2906-2907 stehen im U-Plan als AEG 27/2856-2857, während AEG die Fabriknummern 28/3518-3519 nennt. Für 56 2908-2910 werden die Fabriknummern 27/2855-2857 genannt, während 56 2909 und 2910 lt. Betriebsbuch die Fabriknummern 2857 und 2858 tragen.

Ersatzkessel

Auch bei unseren beiden Baureihen gab es die bekannten Schwierigkeiten mit den ersten Stahlfeuerbüchsen, Die **Rohstoffverknappung** im Ersten Weltkrieg zwang zu Sparmaßnahmen, die in erster Linie den Rohstoff Kupfer betrafen, von dem rund vier Fünftel eingeführt werden mussten. Zwar benötigten die Eisenbahnen im Reichsgebiet nur etwa ein Zehntel dieser Kupfermenge und ihr Altkupfer machte mit geringen Verlusten den Weg zur Neuware durch. Von den erforderlichen Einfuhren aber war das Reich alsbald nach Kriegsbeginn abgeschlossen. Und nach Kriegsende fehlte zunächst das Geld. Der Einsatz genieteter stählerner (damals „flußeiserner") Feuerbüchsen steckte noch in den Kinderschuhen. Die stählerne Feuerbüchse war empfindlich gegen Überbeanspruchung, häufige und plötzliche Abkühlungen (falsches Ruhefeuer, zu langes Offenlassen der Türe beim Feuern), verlangte Stahl mit geringer Verunreinigung, gutes, vorgewärmtes und möglicherweise gereinigtes Speisewasser und musste häufiger heiß ausgewaschen werden.

Sehr kostenaufwendig wurden ab 1921/22 nicht wenige Stahlfeuerbüchsen durch kupferne ersetzt, oder die Ausbesserungswerke bauten Ersatzkessel mit kupferner Feuerbüchse ein. Kupfer hat bei den unterschiedlichsten Temperaturen einen viel besseren Wärmeübergang und eine längere Haltbarkeit. Stahlfeuerbüchsen setzten sich erst durch, als man sie vollständig zu schweißen verstand. So lieferten Henschel Ersatzkessel für die Reihe G 8^3 sowie AEG, Hanomag, Henschel, Jung, Krupp und Linke-Hofmann Ersatzkessel für die G 8^2. Die unvollständigen Angaben sind den Betriebsbüchern entnommen. Bei Jung, Krupp und Linke-Hofmann stehen an Hand des Lieferbuchs die Fabriknummern der Kessel fest. Auch die von Henschel sind ziemlich vollständig, sieht man davon ab, dass die Kessel 20234-20236, 20238, 20242 und 20243 entweder für G 8^2 oder G 8^3 gebaut wurden sind. Tauschbar waren die Kessel beider Bauarten nicht. Im übrigen sind die Betriebsbücher eine nicht erschöpfende Quelle, da beispielsweise bei den G 8^2 bei weitem nicht alle bekannt sind.

Bild 43
Blick in die Kesselschmiede der Firma Jung, Jungenthal, mit einem Belpaire-Kessel einer G 8². Es wundert den Betrachter, dass sich in dem auf dem Bild ersichtlichen Durcheinander jemand zurechtfand.

AUFNAHME: WERKBILD JUNG, SAMMLUNG HANS-JÜRGEN WENZEL

Sechs Henschel-Kessel sind für die G 8³ bekannt:

1921	018505	56 101 (5901 Cöl)	19.06.22 neu
1921	018507	56 138	seit? bis 1956
1921	018508	56 137 (5906 Cöl)	08.07.22 neu
1923	019722	56 116	seit? bis 1943
1924	020239	56 124	seit 1930
1924	020240	56 164	seit? bis 1952

Für die G 8² sind bekannt:

AEG				
1923	2697		56 2201	seit? bis 1928
1923	2700		56 2416 (4852 Cas)	12.06.24 neu
1923	2701		56 2424 (4760 Cas)	30.05.25 neu
1923	2703			
1923	2791		56 2108 (5024 Cas)	31.03.25 neu
1925	2792		56 2896	02.04.25 neu
Hanomag				
1923	015885		56 2208	neu? bis 1927
1923	015886		56 2166 (5916 Han)	15.06.23 neu
1923	015888		56 2208	neu? bis 1927
1923	015890		56 2064 (5379 Cas)	Wpr. 20.03.23
1923	015947		56 2223 (5143 Cas)	20.12.23 neu
1923	015948		56 2121 (5037 Cas)	28.04.25 neu
1923	015949		56 2784	(bis 1944)
1923	015950		56 2064 (5379 Cas)	12.05.25
Henschel				
1923	018504		56 2001 (5361 Cas)	15.05.22 neu
1923	018506		56 2032	neu? bis 1929
1923	019712-019713		DR 56²⁰	
1923	019714		56 2184 (5091 Cas)	26.03.23 neu
1923	019715		56 2191	ab 1928
1923	019716		58 2822	bis 1959
1923	019717		56 2198	ab 04.06.27
1923	019718		DR 56²⁰	
1923	019719		56 2125 (5041 Cas)	29.01.23 neu
1923	019720		56 2115 (5031 Cas)	07.06.23 neu
1923	019721		56 2768	18.10.24 neu
1923	019723		DR 56²⁰	
1923	019724		56 2146 (5026 Cas)	24.08.23 neu
1923	019725		56 2240 (5104 Cas)	04.10.23 neu
1923	019726-019728		DR 56²⁰	
1923	019729		56 2692	bis 1930
1923	019730		DR 56²⁰	
1924	020237		56 2236 (4825 Cas)	27.08.24 neu
1924	020241		56 2074 (5389 Cas)	16.04.25 neu
Jung				
1923	3443	EAW Lingen		
1923	3444	EAW Lingen	56 2772	14.08.23 neu
1923	3470	EAW Göttingen	56 2265 (4834 Cas)	08.10.24 neu
1923	3471	EAW Göttingen		
1923	3471	EAW Göttingen		
1923	3473	EAW Leinhausen	56 2422 (4858 Cas)	05.07.24 neu
Krupp (Vertrag A I 1720)				
1924	818	EAW Oels	56 2109 (5025 Cas)	19.05.25 neu
1924	819	EAW Lingen	56 2224 (5144 Cas)	22.07.25 neu
1924	820	EAW Oels		
1924	821	EAW Halle	56 2197	ab 1927
1924	822	EAW Lingen	56 2818	ab 1956
1924	823	EAW Oels		
1924	824	RAW Göttingen		
1924	825	EAW Lingen	56 2272 (4912 Cas)	09.02.25 neu
1924	826	EAW Oels	56 2061 (5376 Cas)	22.08.25 neu
1924	827	EAW Göttingen	56 2171 (5078 Cas)	01.09.24 neu
Linke-Hofmann				
1923	2724		56 2030 (5660 Mg)	WPr. 29.08.23
1924	2835		56 2430 (4866 Cas)	09.08.23 neu
1924	2836		DR 56²⁰	
1924	2837		56 2098 (5014 Cas)	07.10.24 neu
1924	2838-2839		DR 56²⁰	
1924	2840		56 2360	bis 1928
1924	2841-2842		DR 56²⁰	
1926	2927		DR 56²⁰	
1924	2928		56 2089 (5005 Cas)	14.05.25 neu

Bild 44 – Die G 8² der Lübeck-Büchener Eisenbahn wurden 1923 bis 1930 von Linke-Hofmann geliefert. Lok 93, aufgenommen in Lübeck, wurde 1938 zur **56 3003**. Sie verschlug es nach Bebra, wo sie 1951 ausschied.

Lübeck-Büchen

Die **Lübeck-Büchener Eisenbahn** (LBE) erwarb 1923-1930 von Linke-Hofmann acht etwas leichtere Lok mit den Betriebsnummern 91-98 (ab 1938 DR 56 3001-3008). Warum die LBE nicht einfach bei Linke-Hofmann acht G 8² bestellte, ist nicht ersichtlich. Vielleicht wollte die „private" Gesellschaft ihre Eigenständigkeit dokumentieren, obwohl die Deutsche Reichsbahn-Gesellschaft zuletzt 86 % des Stammkapitals hielt. Von der preußischen

Bild 45 – Frontansicht der LBE-Lok 94 mit Windleitblechen in Lübeck, ab 1938 DR **56 3004**. Sie war 1947 in Bonn in Betrieb und schied ebenfalls 1951 aus.
AUFNAHMEN (3): WERNER HUBERT, SAMMLUNG HANS-JÜRGEN WENZEL

G 8² übernahm die neue Lok nur das Triebwerk mit außen liegender Heusingersteuerung und Hängeeisen sowie den Barrenrahmen. Die G 8² war übrigens die erste LBE-Bauart mit dieser Rahmenbauart. Der Achsstand der Kuppelradsätze war um 150 mm länger als jener der preußischen G 8², der Abstand zwischen Laufradsatz und erstem Kuppelradsatz um 250 mm. Der Laufradsatz war eine Bisselachse mit je 40 mm Seitenausschlag. Der erste und dritte Kuppelradsatz waren fest im Rahmen gelagert, der zweite und vierte waren um je 15 mm seitlich verschiebbar.

Die LBE-Bauart war mit dem Tender 3 T 16,5 gekuppelt (7 t Kohle) und mit einer Länge über Puffer von 18.645 mm länger als die preußische G 8². Die Rauchkammer war überhöht; der Kamin war nach vorne gerückt. Der recht enge Kamin wich später einem breiteren. Abweichend von der preußischen G 8² besaß sie eine Verkleidung unter der Rauchkammer und einen davor angebrachten Werkzeugkasten. Zum Einsatz auch im Personenzugdienst wurde ab der dritten Lok die Geschwindigkeit von 65 auf 75 km angehoben. Einige Lok erhielten Windleitbleche. Lok 97 war mit einer Wasserkammer Bauart Nicholson ausgerüstet.

Der Kessel bestand aus zwei Kesselschüssen mit 4.800 mm Abstand zwischen den Rohrwänden. Die Rauchkammer war 1.500 mm lang. Der Speisedom saß auf dem ersten Kesselschuss, der Dampfdom mit Ventilregler Bauart Schmidt und Wagner auf dem Zweiten. Der Kessel trug zwei Pop-Sicherheitsventile Bauart Coale. Sie waren angeordnet zwischen Dampfdom und hinterem Sandkasten, da vor dem Führerhaus der Armaturenstutzen lag. Gespeist wurde er durch eine Kolbenspeisepumpe Bauart Knorr (mit Oberflächenvorwärmer) und eine Strube-Strahlpumpe, beide mit einer Fördermenge von je 250 l Wasser je Minute.

Zwischen den einzelnen Lieferungen gab es geringe Unterschiede in den Abmessungen der Heiz- und Rauchrohre. Die beiden letzten besaßen mit 64,41 m² eine um fast 13 m² größere Überhitzerfläche.

Nach dem Merkbuch-Nachtrag von 1940 beförderte die Lok in der Ebene einen Zug von 615 t mit 75 km/h und von 940 t mit 65 km/h. Auf Steigungen von 3 bzw. 5 % waren es 870 t mit 50 bzw 40 km/h. Die Hauptabmessungen laut Merkbuch-Nachtrag vom 1. Januar 1940 sind in nebenstehender Tabelle aufgeführt. Bei den Lok 93-98 sind nur die Abweichungen angegeben.

Die LBE nannte die Gattung in Anlehnung an Preußen G 8², obwohl es bei der LBE keine G 8 und auch keine G 8¹ gab. Sie wurden bei der „Verreichlichung" der LBE zum 1. Januar 1938 per

Bild 46 – Auch **56 3008**, aufgenommen als Lübeck-Büchen Nr. 98, trug Windleitbleche. Sie hat elektrische Beleuchtung, erkennbar an der Lichtmaschine auf dem Umlauf vor dem Führerhaus.

Umzeichnungsplan vom 2. März 1938 (RZA Berlin 2339 Fklau) zu DRB 56 3001-3002 (G 45.16) und 56 3003-3008 (G 45.17):

Linke-Hofmann

1923/2768-2769	LBE	91-92	56 3001-3002
2926/2685-2686		93-94	3003-3004
1927/3082-3083		95-96	3005-3006
1928/3128		97	3007
1930/3175		98	3008

Das Streckennetz der LBE wurde zum 1. Januar 1938 auf die RBD Hamburg und Schwerin aufgeteilt. Letztere übernahm zusammen mit dem Bw Lübeck die acht Lok 56 3001-3008. Sie wurden im Jahre 1942 mit anderen 56^{20} vom Bw Lübeck geschlossen an die besetzten Ostgebiete abgegeben, darunter 56 3002, 3004, 3005 und 3007 im Januar 1942 an die Gedob Krakau „zur Aufstellung in gedeckten Räumen". 56 3006 war 1942/43 zum Bw Smolensk Hbf abgeordnet. 56 3008 wird im August 1942 vom Bw Poltawa gemeldet. Während 56 3007 laut Betriebsbuch ab Dezember 1943 als einzige der RBD Schwerin beim Bw Rostock Dienst tat, kehrten sieben Lok 1944 aus dem Osten an andere RBD zurück an RBD Essen (56 3008), Frankfurt (M) (56 3003), Hannover (56 3002), Karlsruhe (56 3006, so der St 11a!) und Köln (56 3001, 3004). Am 23. März 1947 waren betriebsfähig 56 3005 (Bw Gütersloh) und 56 3007 (Bw Euskirchen), während fünf Lok abgestellt waren: 56 3001 (Bw Gremberg), 56 3003 (Bw Bebra), 56 3004 (Bw Bonn), 56 3006 (Bw Wunstorf, im RAW Bremen) und 56 3008 (Bw Gütersloh).

Bei der DB wurden ausgemustert am 13. Dezember 1950 56 3001 und am 14. November 1951 56 3003, 3004, 3006 und 3008. Bei der DR schied die seit Kriegsende abgestellte 56 3002 am 12. Juni 1956 bei der Rbd Greifswald aus. 56 3006 wurde am 4. Juni 1948 an die OHE verkauft und tat dort als 56 106 bis zu ihrer Abstellung im Jahre 1963 Dienst – gemeinsam mit fünf von der DB erworbenen $G\,8^3$ (Reihe 56^1).

Überlebt hat bis heute 56 3007. Sie wurde am 20. September 1950 an den EBV, Zeche Carl-Alexander Nr. 4, Werk Baesweiler verkauft und zuvor bei den Hessischen Industriewerken Wetzlar aufgearbeitet. Am 13. Dezember 1975 wurde sie zum Museum Darmstadt-Kranichstein abgegeben. Im April 1976 verschönerte sie mit Sonderfahrten das Dampfabschiedsfest der BD Köln in Stolberg. Nachträglicher Dank für dieses Fest an den damaligen Kölner BD-Präsident Josef Streier („Onkel Josef"), seinen rührigen Amtsrat Fack und den Stolberger Bw-Vorsteheher Lummerich! Die Radreifen der Lok waren – so Lokf. Gerhard Moll – einseitig scharf gelaufen, da die Lok offenbar beim EBV nie gedreht worden war. Sie hat aber ihr Geld eingefahren, da sie 1929 bis 1975 insgesamt 1.057.172 km zurückgelegt hat.

56 3002 verblieb in der Sowjetzone beim Bw Waren (Müritz). Sie wurde vom Bw Wismar im Juli 1947 zur RBD Greifswald, Bw Pasewalk (Schadpark) abgegeben und am 12. Juni 1956 ausgemustert.

	91-92	93-96	97	98	
Zylinderdurchmesser	620				mm
Kolbenhub	660				mm
Treibraddurchmesser	1.400				mm
Laufraddurchmesser	1.000				mm
Kesselüberdruck	14				kg/cm²
Anzahl der Heizrohre	138	138	113	114	
Anzahl der Rauchrohre	24	24	30	30	
Strahlungsheizfläche	13,95	13,95	15,97	13,95	m²
Heizrohrheizfläche	95,75	95,75	78,45	79,15	m²
Rauchrohrheizfläche	44,92	44,92	56,44	56,44	m²
Rohrlänge zw. d. Rohrw.	4.800				mm
Überhitzerheizfläche	51,7	51,7	64,41	64,41	m²
Rostfläche	2,63				m²
Fester Achsstand	4.950				mm
Gesamter Achsstand Lok	7.700				mm
Länge über Puffer (Lok mit Tender)	18.645				mm
Kesselmitte über SO	3.000				mm
Lichtraumhöhe	4.550				mm
Leergewicht Lok	73	79,8	79,2	79,2	t
Dienstgew. Lok o. Tender	79,4	86,2	85,6	85,6	t
Achslast Laufachse	14,6	15,2	15,1	15,2	t
Achslast 1. Kuppelachse	15,8	18,6	18,7	18,5	t
Achslast 2. Kuppelachse	16,5	17,8	16,9	17,6	t
Achslast 3. Kuppelachse	16,6	18,5	17,7	18	t
Achslast 4. Kuppelachse	15,8	16	17,1	16,2	t
Wasservorrat	16,5				m³
Kohlevorrat	7				t
Größte Geschwindigkeit	65	75	75	75	km/h

Bild 47
Lok **96** der Lübeck-Büchener Eisenbahn dagegen wurde ohne Bleche geliefert, aber auch schon mit elektrischer Beleuchtung. Sie trägt ein drittes Spitzenlicht, was damals bedeutete: „Ein Sonderzug kommt aus entgegengesetzter Richtung (Zg7)."

AUFNAHME:
WERNER HUBERT,
SAMMLUNG HANS-JÜRGEN WENZEL

Bild 48
56 3007 als Lok 4 des Eschweiler Bergwerksvereins vor der Zeche Carl-Alexander, Werk Baesweiler – auch heute schon längst Geschichte.

AUFNAHME:
KARL-HEINZ STEINER,
SAMMLUNG HANS-JÜRGEN WENZEL

Bild 49
Am 7. Mai 1969 traf der bekannte 5-Zoll-Bahner Otto Straznicky („OSTRA-Bahn") aus Wien die Lok 4 der Grube Carl Alexander in Baesweiler an.

AUFNAHME:
OTTO STRAZNICKY,
SAMMLUNG HANS-PETER ARENZ

Geschichte der preußischen G 8^3 – Reihe 56^1

Insgesamt 85 Lokomotiven der Bauart G8^3 wurden ausschließlich von Henschel 1919 und 1920 erbaut. Auch hier war das EZA in Verlegenheit, überhaupt noch freie Betriebsnummerngruppen zu finden.

Dank der Forschungen von Joachim Dürlich sind – beginnend ab 56 117 – die Erstbeheimatungen aus RVM-Telegrammbriefen bekannt (Quelle: Erfurter Rbd-Archiv Altregister Hgr 12-176). Die mit „Sbr" angegebenen Lok wurden als „Tri" in Dienst gestellt.

In Telegrammbriefen sind die preußischen Nummern genannt; zum besseren Verständnis füge ich die späteren Reichsbahn-Nummern bei. Der Telegrammbrief für 56 171 ist nicht archiviert.

Telegramm	vom			
VI 67.D.8888	17.05.1920	ED Hannover	5397 Bsl	56 117
VI 67.D.I.9374	25.05.1920	ED Hannover	5398-5400 Bsl	56 118-120
VI 67.D.9747	31.05.1920	ED Cöln	5336-5340 Cas	56 121-125
VI 67.D.10154	10.06.1920	ED Cöln	5341-5342 Cas	56 126-127
VI 67.D.10552	15.06.1920	ED Cöln	5343-5345 Cas	56 128-130
VI 67.D....	21.06.1920	ED Cöln	5346 Cas	56 131
VI 67.D.11422	28.06.1920	ED Cöln	5347 Cas	56 132
VI 67.D.12655	19.07.1920	ED Cöln	5348-5350 Cas	56 133-135
		„Baden"	5905-5906 Cöl	56 136-137
VI 67.D.12976	26.07.1920	„Baden"	5907-5909 Cöl	56 138-140
E.VII.74.Nr. 13318	03.08.1920	„Baden"	5910-5912 Cöl	56 141-143
E.VII.74.Nr. 13865	09.08.1920	„Baden"	5913-5914 Cöl	56 144-145
E.VII.74.Nr. 14281	16.08.1920	„Baden"	5371-5373 Erf	56 146-148
E.VII.74.Nr. 14761	24.08.1920	„Baden"	5374-5377 Erf	56 149-152
E.VII.74.Nr. 115	31.08.1920	„Baden"	5378-5385 Erf	56 153-160
E.VII.74.Nr. 160	08.09.1920	ED Halle	5901-5903 Frt	56 161-163
E.VII.74.Nr. 205	08.09.1920	ED Halle	5904-5907 Frt	56 164-167
E.VII.74.Nr. 269	20.09.1920	ED Halle	5908-5910 Frt	56 168-170
E.VII.74.Nr. 381	04.10.1920	ED Halle	5202-5908 Sbr	56 172-178
E.VII.74.Nr. 431	11.10.1920	ED Halle	5209-5313 Sbr	56 179-183
E.VII.74.Nr. 488	18.10.1920	ED Halle	5214 Sbr	56 184
E.VII.74.Nr. 559	27.10.1920	ED Halle	5215 Sbr	56 185

Die Lok kamen also ab Werk – wie oben ersichtlich – zu vier Eisenbahndirektionen mit preußischen Nummern. Sie bekamen 1926 die Betriebsnummern 56 101-185.

ED Cöln	56 121-135	Mai bis Juli 1920
ED Halle	56 161-170	Sept. 1920
	56 172-185	Okt.1920
	(wohl auch 56 171)	
ED Hannover	56 117-120	Mai 1920
ED Karlsruhe	56 136-160	Juli – Aug. 1920

Alsbald wurden die G 8^3 der ED Hannover und Köln (nun mit „K") vermutlich Zug um Zug mit dem weiteren Zugang von G 8^2 abgegeben. Denn bereits 1924 waren alle den Direktionen Halle (45) und Karlsruhe (40; u.a. Bw Freiburg R) zugeteilt. Die G 8^3 der Rbd Karlsruhe wurden im EAW Schwetzingen unterhalten. Die Lok der Rbd Halle sind Ende der zwanziger Jahre bekannt:

Bw Cottbus
56 105 106 107 173 174 175 176 177 178 179 180 181 182

Bw Lübbenau
56 101 102 103 104 110 161 165 167 168 172 185

Bw Senftenberg
56 108 109 162 163 164 166 169 170 171 183 184

Auch in den beiden Rbd Halle und Karlsruhe schienen sie nicht sonderlich beliebt gewesen zu sein, waren doch alle 85 Lok im Jahre 1928 betriebsfähig abgestellt (RVM 34 Bla 18 vom 8. April 1929).

Sie wechselten im Laufe des Jahres 1930 zu den Rbd Berlin (34), Osten (6) und Münster (45). Die sechs Lokomotiven 56 101-106 waren nur kurz in der Rbd Berlin und ab 1930 der Rbd Osten, Bw Landsberg (Warthe), zugeteilt und ab Mai 1933 dem Bw Schneidemühl Vbf. Im März 1934 wurden sie erst der Rbd Münster und noch im selben Jahr der Rbd Berlin, Bw Seddin, überwiesen. Diese Angaben ergeben sich aus den Betriebsbuchauszügen der 56 101, 102, 104, 105 und gelten mit Sicherheit auch für 56 103 und 106. Zum 30. Januar 1931 nennt eine Liste der GDW Berlin die sechs o.g. Lok bei der Rbd Osten sowie bei der Rbd Berlin für die Bw Schöneweide (56 107-110, 131, 134, 135, 137, 138), Tempelhof (56 123-127, 130, 136, 139, 140) und Wustermark (56 111-122). 56 128, 129, 132 und 133 fehlen; lt. Betriebsbuch aber war z. B. 56 129 am Stichtag beim Bw Tempelhof beheimatet; im Handexemplar von Karl Julius Harder sind 56 128 und 56 129 für Bw Tempelhof nachgetragen. In den dreißiger Jahren waren 56 113 und 56 114 Bremslok in Grunewald und erhielten zu diesem Zweck Riggenbach-Gegendruckbremsen. Ausgerechnet von diesen beiden Lok sind die Betriebsbücher Zweitschriften, so dass der genaue Zeitraum nicht mehr feststellbar ist. Am 1. August 1937 besaß die RBD Berlin 46 Lok in den Bw Schöneweide (10), Seddin (12), Tempelhof (11) und Wustermark (13). Die Verteilung im Dezember 1936:

Bw Berlin-Schöneweide
56 107 108 109 110 131 132 133 134 135 137 138

Bw Seddin
56 101 102 103 104 105 106 141 142 143 144 145 146

Bw Tempelhof
56 123 124 125 126 127 128 129 130 136 139 140

Bw Wustermark
56 111 112 113 114 115 116 117 118 119 120 121 122

Die Lok der Rbd Münster waren soweit ersichtlich im Bw Osnabrück Hbf beheimatet. Eine Zuteilungsliste ist nicht bekannt, Aus Betriebsbüchern und anderen Unterlagen ergeben sich Anfang der dreißiger Jahre für 56 143, 147, 153, 161-164, 166, 169-176 und 183-185 die Beheimatung in diesem Bw. Der Osnabrücker Lokführer Moritz Voith notierte ab März 1930 alle Lok von 56 141-185 für dieses Bw. 56 142-146 rollten bereits im Juli 1934, 56 141 im August 1934 zur Rbd Berlin ab.

1941/1942 sind auch Beheimatungen in Emden, Haltern, Münster, Oldenburg Vbf und Rheine P nachgewiesen. Vermutlich wurden die 56^1 im Bw Münster teilweise von den Neubaulok der Reihe 41 verdrängt und wanderten „auf die Dörfer" aus. Osnabrück Hbf war damals eines der wichtigsten Güterzug-Bw. Im Januar 1938 setzte das Bw dienstplanmäßig 38 56^1, 12 56^{20} und 23 57^{10} ein. Die 56^1 waren in vier Dienstplänen eingesetzt, dreifach besetzt:

Bild 50
56 101 wurde 1921 von Henschel & Sohn als 5901 Cöln geliefert und absolvierte am 29. Januar 1919 eine Probefahrt von Grunewald nach Drewitz und zurück. Sie war tätig in den Direktionen Berlin, Osten, Münster und wieder Berlin sowie ab 1947 bei der RBD Dresden. Hier wurde sie 1967 beim Bw Dresden-Alt als letzte DR-56[1] ausgemustert.

AUFNAHME:
WERNER HUBERT,
SAMMLUNG DIERK LAWRENZ

Bild 51
Auch **56 102** (Aufnahme: Bw Berlin Schöneweide um 1930) „tourte" durch die RBD Berlin, Osten, Münster, wieder Berlin, um 1947 zur RBD Dresden versetzt zu werden. Sie wurde 1960 im Bw Freiberg (Sa) abgestellt, aber erst 1967 ausgemustert.

AUFNAHME:
SAMMLUNG DR. THOMAS SAMEK

Bild 52
56 106 gehörte zur Zeit der Aufnahme zum Bw Berlin Ahb. Nach Abstellung beim Bw Werdau (Sa) war sie ab November 1965 noch einige Zeit als Werklok 3 des Raw Zwickau tätig.

AUFNAHME:
WERNER HUBERT,
SAMMLUNG HANS-JÜRGEN WENZEL

Bild 53 – Auf seiner Berlin-Reise 1935 traf Carl Bellingrodt bei Berlin-Lichterfelde die Lok **56 125** (Bw Tempelhof) vor einem beachtlich langen Güterzug an. 56 125 stand bei Kriegsende bei der RBD Berlin, ab 1948 bei der RBD Dresden im Schadpark und schied 1955 aus. AUFNAHME: CARL BELLINGRODT, SAMMLUNG HANS-JÜRGEN WENZEL

Bild 54 – Am Schuppen die im Juni 1942 ersonnene Parole: „Räder müssen rollen für den Sieg“. 52 2152 mit im Krieg nur aufschablonierter Nummer war nach Ablieferung im Februar 1943 bis September 1943 in Berlin-Pankow beheimatet; auch **56 162** gehörte bis Kriegsende der RBD Berlin. AUFNAHME: SAMMLUNG DR. THOMAS SAMEK

Bilder 55 und 56
56 113 und **56 114** waren spätestens ab 1933 bis mindestens Februar 1944 in Grunewald Bremslok mit Riggenbach-Gegendruckbremse. Die abgebildete 56 114 trägt kein Bw-Schild; die letzte Untersuchung war am 22. März 1933. Die Ausmusterung ereilte sie 1967 beim Bw Werdau (Sa).

Aufnahmen: Hermann Maey/EK-Archiv

Dpl. 7	9 Lok	Monatsleistung 56.643 km
Dpl. 8	10 Lok	Monatsleistung 68.242 km
Dpl. 9	9 Lok	Monatsleistung 62.920 km
Dpl. 10	10 Lok	Monatsleistung 75.240 km

In einem damals typischen Ringtausch gab die RBD Münster gemäß RVM 34 Bl 270 vom 4. Dezember 1942 und 34 Bla 201 vom 8. Februar 1943 unter dem Betreff „Verringerung der Lokomotivbauarten" in den Monaten März bis Mai 1943 alle 39 verbliebenen 56^{1} an die RBD Berlin ab, welche nun alle diese Lok in ihrem Bestand vereinte. Die RBD Münster bekam dafür vier Lok der Reihe 41 von der RBD Breslau, je fünf von den RBD Halle und Osten, vier von der RBD Stuttgart und 19 50er von der RBD Berlin.

Der Erhaltungsbestand der 56^{1} an fünf bekannten Stichtagen belief sich immer auf 85 Lok:

RBD	**31.12.32**	**01.10.33**	**31.12.34**	**31.12.35**	**31.12.40**
Bln	34	34	46	46	46
Mst	45	45	39	39	39
Ost	6	6	-	-	-

Die für die 56^{1} zuständigen **Ausbesserungswerk**e sind schnell aufgezählt.

Im Juli 1928 waren das RAW Halle für die Lok der Rbd Halle, das RAW Offenburg für jene der Rbd Karlsruhe zuständig. Für die Lok der Rbd Berlin und bis 1934 Osten war es an allen bekannten Stichtagen zwischen dem 31. Dezember 1930 und dem 31. Dezember 1941 das RAW Brandenburg West, am 31. Dezember 1942 das RAW Stargard und nach Übernahme der Lok der RBD Münster durch die RBD Berlin an den Stichtagen 30. Juni bis. 31. Dezember 1943 das RAW Schneidemühl. Für die Lok der RBD Münster war 1930 bis zur Abgabe 1943 das RAW Sebaldsbrück (ab 30. November 1939 RAW Bremen) tätig. Für den 30.

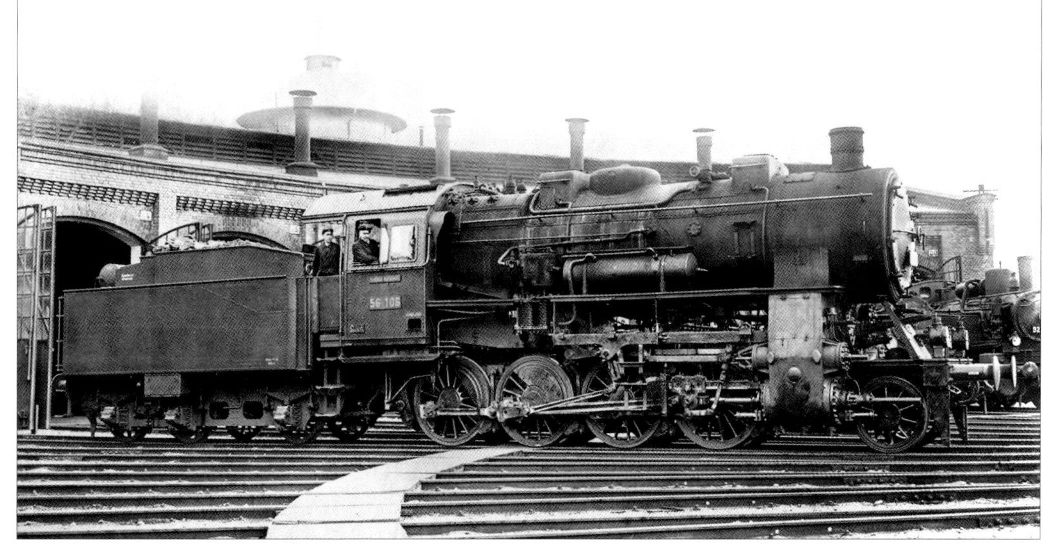

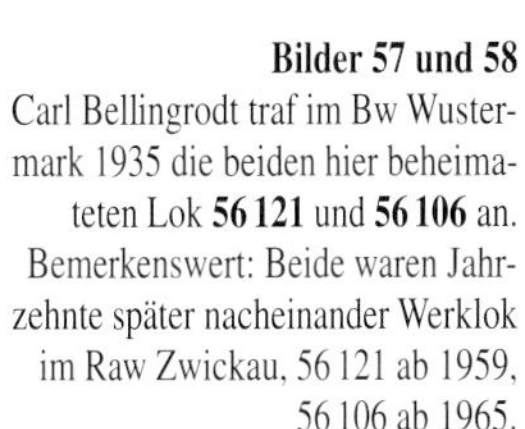
Bilder 57 und 58
Carl Bellingrodt traf im Bw Wustermark 1935 die beiden hier beheimateten Lok **56 121** und **56 106** an. Bemerkenswert: Beide waren Jahrzehnte später nacheinander Werklok im Raw Zwickau, 56 121 ab 1959, 56 106 ab 1965.

AUFNAHMEN: CARL BELLINGRODT, SAMMLUNG HANS-JÜRGEN WENZEL

Juni und 31. Dezember 1944 ist eine Statistik – wohl kriegsbedingt – nicht mehr erstellt worden.

Nach dem Zusammenbruch 1945 verblieben fünf Lok in der **brit. Zone**:

56 110	RBD Münster, Bw Coesfeld	verk. 01.10.46	OHE 56 103 + 1964
56 152	RBD Hannover	verk. 01.10.46	OHE 56 101 + 1961
56 167	RBD Hamburg, Bw Itzehoe (Rf-Lok der RBD Berlin)	verk. 15.01.47	OHE 56 104 + 1958
56 169	RBD Münster, Bw Coesfeld	verk. 01.10.46	OHE 56 102 + 1964
56 170	RBD Hamburg, Bw Itzehoe (Rf-Lok der RBD Berlin)	verk. 15.01.47	OHE 56 105 + 1964

56 110, 167 und 170 waren im April 1945 als Rückführlok der RBD Berlin im Bezirk Hamburg verblieben. Im Oktober 1945 gab die RBD Hamburg 56 110 und 169 an die RBD Münster ab. Hier fand immerhin noch ein bescheidener Betrieb statt: die 56^1 legten im Dezember 1945 134 km je Lokomotivbetriebstag zurück, 56 152 hatte es in die RBD Saarbrücken verschlagen, von wo sie im Wege eines Austausches zusammen mit 01 217 zur RBD Hannover kam, die dafür 03 008 und 56 2233 abgab. Weder in einer Liste noch in dem bei der OHE erhaltenen Betriebsbuch der Lok 56 152 erscheint ein Bw.

58 Lok verblieben in der **SBZ/DDR** und wurden im Jahre 1947 bei der RBD Dresden zusammengezogen. Die letzten wurden 1967 ausgemustert (siehe besonderes Kapitel).

16 verblieben bei der **PKP** als Reihe Tr3 (siehe dort), eine ist bei der MPS nachgewiesen und drei sind unbekannten Verbleibs (56 103, 156, 184). Unklar ist das Schicksal der bei der RBD Halle am 14. September 1945 und bei der RBD Cottbus am 14. November 1945 gezählten Lok 56 185. Anschließend fehlt sie. Ihr Schicksal ist unklar; für die Abgabe an die SMA fehlt jeder Beweis.

Bild 59
56 127 vom Bw Tempelhof im Jahr 1935 wohl im Bauzugdienst im Raum Berlin. Sie endete 1967 beim Bw Gera nach einer Flankenfahrt vom 6. April 1965 bei dichtem Nebel.

Aufnahme:
Carl Bellingrodt,
Sammlung Hans-Jürgen Wenzel

Bild 60
56 134 am 17. Juli 1934 in ihrem Heimat-Bw Niederschöneweide. Sie schied 1951 als Kriegsschadlok bei der RBD Dresden aus. Es fehlten Kolben, Schieber, Stangen, Vorwärmer, Strahlpumpe, Gewerk, Armaturen und Feinausrüstung. Vermutlich war sie für andere Lok „kannibalisiert" worden.

Aufnahme:
Hans Geitmann,
Sammlung DB-Museum

Bild 61
Rätsel gibt das Bild der **56 115** etwa aus dem Jahr 1941 im Raum Wien auf. Laut Betriebsbuch war sie von 1929 bis 1942 im Bw Wustermark und 1942 bis 1945 im Bw Brandenburg beheimatet. Auch über eine evtl. Abordnung zur RBD Wien schweigt das Buch.

Aufnahme:
Christoph Lieben,
Archiv Helmut Griebl

Bild 62 – 56 106 vom Bw Berlin-Schöneweide im September 1934. Der Anlass des Schmuckes war die Beförderung eines Sonderzuges zum Reichsparteitag in Nürnberg. Lokführer und Heizer blicken nicht gerade begeistert drein.

AUFNAHME: SAMMLUNG JAN LUKOW

Bild 63 – Stimmungsbild eines Güterzuges mit einer 56^1. Wie das offene Signal zeigt, wartet der Zug mit der 56^1 auf Überholung. Signalflügel vor dunklem oder grünem Hintergrund waren damals abweichend „negativ“ gestaltet. Da das Bild von der RVM-Filmstelle stammt, dürfte die Aufnahme im Raum Berlin entstanden sein.

AUFNAHME: E. A. SCHULZ, SAMMLUNG JÖRG SAUTER

Bild 64 – 56 140 (Bw Berlin Ahb) um 1930 im Anhalter Güterbahnhof. Die Mietkasernen – offenbar Renditehäuser, in die nicht viel Geld gesteckt wurde – stehen bzw. standen in der Eylauer Straße im Bezirk Kreuzberg.

AUFNAHME: WERNER HUBERT, SAMMLUNG HANS-JÜRGEN WENZEL

Osthannoversche Eisenbahn

Die fünf in der britischen Zone verbliebenen 56^1 wurden an die Osthannoversche Eisenbahnen AG (OHE) verkauft. Acht im Osten der preußischen Provinz Hannover gelegene Kleinbahnen fusionierten im Jahre 1944 zur OHE. Haupt-Anteilseigner waren das Land Preußen und die Provinz Hannover; 1956 die Bundesrepublik, das Land Niedersachsen und die Deutsche Bundesbahn.

Für die Fahrzeuge wurde ein gemeinsames Nummernsystem eingeführt, dessen Baureihennummern denen der Reichsbahn entsprachen. Für den immer weiter ansteigenden Güterverkehr erwarb die OHE von der DR/brit. Zone bzw. der DB u. a. eine Lübeck-Büchener G 8^2 (DR-Reihe 56^{30}), die fünf im Westen verbliebenen G 8^3 (DR-Reihe 56^1), zwei G 9 (DR-Reihe 55^{23}), sieben T 10 (DR-Reihe 76) und zwei T 9^2 (DR-Reihe 91^0). Das Betriebswerk lag in Celle Nord, gut einsehbar rechts der Strecke Hannover – Celle – Uelzen. Werkstätten der OHE waren in Bleckede und Celle.

Die ehemalige LBE-Lok 56 3006 (Bw Wunstorf) wurde am 4. Juni 1948 an die OHE verkauft und tat dort als 56 106 bis zu ihrer Abstellung im Jahre 1963 Dienst. Vier der erworbenen G 8^3 wurden zu Zwillingslok umgebaut, 56 167 (56 104) jedoch nicht. Es gibt ein kaum mehr druckfähiges Bild dieser Lok, das als Beweis dient. Der Umbau der 56 105 fand 1948 bei Henschel statt.

Die erworbenen G 8^3 waren:

56	152	RBD Hannover	verk. 01.10.46	OHE 56 101	+ 1961
56	110	Bw Coesfeld	verk. 01.10.46	OHE 56 103	+ 1964
56	167	Bw Itzehoe	verk. 15.01.47	OHE 56 104	+ 1958
56	169	Bw Coesfeld	verk. 01.10.46	OHE 56 102	+ 1964
56	170	Bw Itzehoe	verk. 15.01.47	OHE 56 105	+ 1964

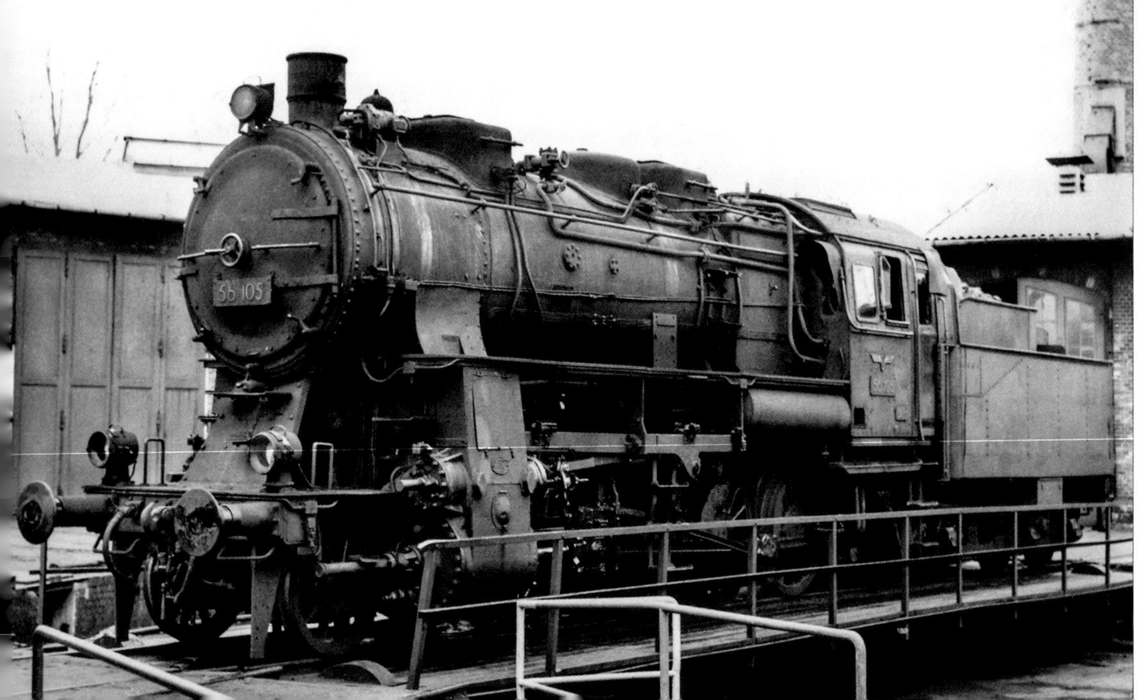

Bild 66
Wolfgang Kölsch und Gerhard Moll besuchten am 18. Januar 1962 die OHE. Hier trafen sie im Bw Celle Nord die zur Zweizylinder-Lok umgebaute **56 105** (zuvor **56 170**) an. Aus der Beschriftung des Bildes ist nicht ersichtlich, wer von beiden dieses Bild schuf.

AUFNAHME:
GERHARD MOLL ODER
WOLFGANG KÖLSCH,
SAMMLUNG HANS-JÜRGEN WENZEL

Bild 65, linke Seite oben
56 102 (ehemals **56 169**) aufgebockt am 11. August 1958 in der Hauptwerkstätte Celle Nord.

Aufnahme: Gerd Wolff

Bild 67
Nochmals **56 102** (ehemals **56 169**), diesmal im Bw Celle Nord.

Aufnahme: Karl-Friedrich Heck/EK-Archiv

Bild 68
56 103 (ehemals **56 110**) am 13. Mai 1959 an der Bekohlungsanlage in Celle.

Aufnahme: Carl Bellingrodt, Sammlung Hans-Jürgen Wenzel

Bild 69
Die ohne Bleche gelieferte ehemalige **56 3006** bekam spätestens bei der OHE Windleitbleche. Hier als **56 106** am 18. Januar 1962 in Soltau (Han).

Aufnahme: Gerhard Moll, Sammlung Hans-Jürgen Wenzel

Betriebsgeschichte der preußischen G 8^{3} – Reihe 56^{20}

Bestand der 56^{20} bis 1945

Im November 1918 wurden die königlichen Eisenbahndirektionen (KED) zu „republikanischen“ Eisenbahndirektionen (ED) und im Jahr 1922 zu Reichsbahndirektionen (Rbd). Ab 1937 wurde die Abkürzung groß geschrieben: RBD. Ich verwende im Text die jeweilig gültigen Abkürzungen.

Auf Grund des unseligen Vertrages vom Versailles vom 28. Juni 1919, in Kraft ab 10. Januar 1920, wurde u.a. das Rheinland entmilitarisiert. Nach Räumung der Südzone (Koblenz) durch US-Besatzungstruppen im Jahr 1923 blieb es in drei Zonen eingeteilt. Im Süden lag die französische Zone (Pfalz/Mainz/Wiesbaden/Koblenz), im Raum Köln schloss die britische Zone an, nördlich davon (Duisburg, Düsseldorf) wieder die französische Zone und am Niederrhein die belgische Zone. Am 9. Januar 1923 stellte die Reparationskommission gegen die Stimme Großbritanniens fest, dass Deutschland mit Kohlenlieferungen im Rückstand sei. Frankreich besetzte daher entgegen den Bestimmungen des Versailler Vertrages „als Pfand“ das Ruhrgebiet und schuf zusammen mit Belgien die „Régie des Chemins de Fer des Territoires Occuppés Rhénans“ (Verwaltung der Eisenbahnen der besetzten rheinischen Territorien; kurz Regiebahn genannt), deren Wirken bis November 1924 dauerte. Viele Lokomotiven hatte die Reichsbahn aus dem besetzten Ruhrgebiet heraus gefahren. Als sich das Ende der Regiebahn abzeichnete, ordnete die HV der Deutschen Reichsbahn am 31. Oktober 1924 (34.D.14495) die Abgabe von insgesamt 643 Lok zur Auffüllung des Bestandes der Rbd Essen, Köln, Ludwigshafen, Mainz und Trier an. Davon waren auch G 8^{2} betroffen; Essen wurden 15 der Rbd Altona, 16 der Rbd Hannover und vier aus Neulieferung zugesprochen, Mainz je 22 aus den Rbd Breslau und Halle sowie je zehn aus den Rbd Berlin und Magdeburg. Die Lok waren von den begünstigten Rbd abzurufen; ob dies in vollem Umfange geschah, ist mangels Akten nicht mehr nachzuvollziehen,

Bis 1924 wurden 835 56^{20} und fünf mit Ventilsteuerung (Rbd Oldenburg) geliefert, insgesamt also 840 Lok. Die Zuteilung für Juni 1925 ist bekannt (EZA Berlin 34D.9200/25 vom 16. Juni 1925). Die 85 G 8^{3} waren auf die Rbd Halle (45) und Karlsruhe (40) verteilt. Die Zahlen geben die tatsächliche Verteilung wieder und nicht die nummernmäßige Bezeichnung mit einem Direktionsnamen. Ein weiterer zahlenmäßiger Bestand ist für Dezember 1925 bekannt; er nennt 821 G 8^{2}-Lok und 45 G 8^{3} – nur bei den preuß. Direktionen.

Rbd	Juni 1925	1. Dez.1925
Altona	48	36
Berlin	-	8
Breslau	71	71
Cassel	108	108
Essen	169	169
Halle	110	110
Hannover	86	87
Köln	67	67
Magdeburg	24	24
Mainz	113	113
Oldenburg	19	.
Oppeln	28	28
Summe	**840**	**821**

Zahlreiche Lok, namentlich nicht wenige der Rbd Cassel, waren an andere Direktionen zur dauernden Dienstleistung überwiesen. Am 4. Oktober 1925 ordnete die HV der Deutschen Reichsbahn-Gesellschaft (34.D.14000) an, dass ab 1. Januar 1926 alle den Rbd zur Verfügung stehenden Lokomotiven und Triebwagen zu ihrem Besitzstand zählen.

Die G 8^{2} und G 8^{3} wurden umgezeichnet gemäß Plan für die Umzeichnung der ehemals preuß.-hess. G-Lokomotiven (endgültig) – Eisenbahn-Zentralamt (5357/281) vom 11. Dezember 1925. Im Jahre 1926 wurden 40 Lokomotiven an die Rumänischen Staatsbahnen verkauft; der DR-Bestand sank auf 800 Lok. 1928 stieg er auf 811 Lok durch Anlieferung der elf Lok 56 2906-2916.

Nunmehr waren wohl zuviel Lok vorhanden. Gemäß Schreiben der HV 34 Bla 18 vom 8. April 1929 waren per 1. März 1929 27.773 Lok vorhanden, davon betriebsfähig abgestellt:
265 P 8 (Reihe 38^{10}), 56 G 8 (Reihe 55^{16}), 750 G 8^{1} (Reihe 55^{25}), 85 G 8^{3} (56^{1}; Rbd Halle und Karlsruhe), 61 G 8^{2} (Reihe 56^{20}), 125 G 10 (Reihe 57^{10}), und 26 G 12 (Reihen $58^{2\text{-}3, 4, 5, 10}$).

Die 61 abgestellten Lok der Reihe 56^{20} waren acht der Rbd Essen, 23 der Rbd Kassel, neun der Rbd Köln, zwei der Rbd Magdeburg, zehn der Rbd Mainz, eine der Rbd Oldenburg und acht der Rbd Oppeln. Gleichzeitig setzten in größerem Umfang Ausmusterungen ein (nicht bei den 56^{20}, aber beispielsweise bei den auch relativ neuen 55^{25}).

Zahlreich sind die kaum alle bekannten Verfügungen der Hauptverwaltung zur Lokumsetzung. Sie zeigen, dass sich die HV auch um einzelne Lokverschiebungen kümmerte. So ordnet die HV an:
E III.31.D 9907 vom 2. Mai 1922:
- Dir. Frankfurt gibt die 6 vorhandenen G 8^{2} an Dir. Cassel ab im Tausch gegen 6 T 16

34.D.7550/26) vom 10./11. Mai 1926:
- Dir. Altona erhält 10 G 8^{2} und 14 G 10 von Dir. Cassel
- Dir. Breslau erhält 10 G 8^{2} von Dir. Kassel

Im Jahre 1925 (Tag unbekannt) ordnete die HV unter 34.D.9200 die Abgabe von 205 Lok preußischer Herkunft an die bayerischen Direktionen Ludwigshafen, München, Nürnberg und Würzburg an. Augsburg und Regensburg wurden nicht bedacht. Unter diesen 205 Lok waren keine G 8^{2}. Weiter ging es:
34 Babl 1 vom 31. Juli 1928:
- Rbd Altona erhält fünf 56^{20} von Rbd Kassel, Rbd Hannover drei 56^{20} von Rbd Köln.

34 Babl 3 vom 5. Juli 1929:
- Rbd Kassel gibt zehn 56^{20} ab: neun an Rbd Altona, eine an Rbd Oldenburg

34 Babl 11 vom 10. Juli 1933:
- Rbd Mainz gibt fünf 56^{20} an Rbd Hannover und sechs an Rbd Schwerin

R34 Babl 12 vom 10. September 1934:
- Rbd Essen gibt acht 56^{20} an Rbd Münster
- Rbd Kassel und Köln geben je sechs 56^{20} an Rbd Münster
- Rbd Mainz gibt sechs 56^{20} an Rbd Schwerin
- Rbd Münster gibt zwölf 56^{1} an Rbd Berlin

34 Babl 17 vom 7.Aug. 1936:
- Rbd Kassel gibt eine 56^{20} an Rbd Oppeln

34 Babl 20 vom 31. Aug. 1937:
- RBD Kassel gibt zwei 56^{20} an RBD Oppeln

Bild 70 – Der Anlass der Aufstellung vermutlich zahlreicher Beamter vor **56 2753** ist ebenso unbekannt wie der Lebenslauf der 56 2753. Sie erlitt, wohl zur RBD Hannover gehörend, am 25. Februar 1940 infolge eines Risses der Feuerbüchse einen Kesselzerknall und war die erste ausgemusterte G 8^2. AUFNAHME: SAMMLUNG GÜNTER KRALL

Die Bestände bei den einzelnen Direktionen:

RBD	31.12.32	01.10.33	31.12.34	31.12.35	31.12.40
Alt/Hmb	68	68	76	76	72
Bsl	86	87	87	87	96
Esn	136	122	110	110	110
Hl	113	113	113	113	132
Hn	111	112	118	118	109
Kas	54	53	45	45	50
Kö	64	64	56	56	54
Mü	-	-	-	-	2*
Mz	110	101	85	85	55
Mst	-	14	70	70	55
Old	38	38	-	-	-
Op	28	36	36	36	52
Sw	3	3	15	15	31
Wt	-		-	-	3
Summe	**811**	**811**	**811**	**811**	**821**

Mit Übernahme der Lübeck-Büchener Eisenbahn am 1. Januar 1938 kamen 56 3001-3008 hinzu und wurden bei den 56^{20} mitgezählt, die nunmehr in den Statistiken als 56^{20-30} figurierten. Niemand hat sich der Mühe eines Baudatenvergleichs unterzogen; sonst hätte er fest gestellt, dass es sich um eine ganz andere Bauart handelt. Die RBD München besaß keine G 8^2. Hier sind am 31. Dezember 1940 irrig zwei 56^{20} gezählt. Es dürfte sich um die beiden im Jahre 1938 mit Auflösung der RBD Innsbruck in München zugegangenen österreichischen 56^{31} handeln.

Die HV-Verfügung 34 Bla 86 regelte die Verteilung der ersten 1.000 aus dem besetzten Ländern Belgien und Frankreich in Reich abgegeben Lok an westliche RBD. Dafür hatten diese Lok an östliche RBD abzugeben. Am 7. September 1940 wurde die Abgabe von u.a. 91 G 8^2 an die RBD Breslau, Halle, Hamburg, Hannover, Kassel und Oppeln durch die RBD Essen (30), Köln (13), Mainz (32) und Münster (16) angeordnet.

Noch 819 Lok waren am 31. Dezember 1941 vorhanden, während sich die Ostverluste am 31. Dezember 1942 (nur mehr 818 Lok), am 31. Dezember 1943 (nur mehr 756 Lok) und am 30. Juni 1944 (753 Lok) in der Statistik bemerkbar machen.

56 2753 erlitt am 25. Februar 1940 bei Neubeckum einen Kesselzerknall. Infolge abgezehrter Stehbolzen war die Feuerbüchsdecke aufgerissen. Die Lok schied wohl 1942 aus; denn in den Statistischen Nachweisen W 16 zum 3. Juni und zum 31. Dezember der Jahre 1940 und 1941 ist noch kein Abgang einer 56^{20} enthalten. Unbekannten Verbleibs sind nur 56 2638 und 56 2655. Als listenmäßige Abgänge (Az. 34g/Bl) sind Kriegsverluste im Osten (ohne Nachweis des Verbleibs bei NKPS/MPS zu nennen:

56 2007	+ 03.43	RBD Halle
2090	+ 30.09.43	RBD Schwerin/Osten
2204	+ 30.09.43	RBD Hamburg
2208	+ 03.43	RBD Halle
2270	+ 30.07.43	RBD Münster
2313	+ 31.01.44	RBD Hamburg
2355	+ 10.07.43	RBD Kassel
2623	+ 1943	RBD Breslau

Und 56 2886 schien schon am 18. Januar 1945 schwer beschädigt bei der RBD Hamburg aus.

Die (nicht amtliche) Gesamtstatistik der 857 Lok (ohne 56^{30}) nach Einzelauszählung der Betriebsnummern:

DRw/DB	575
DRw +	5
SWDE +	1
ÖBB an DB	2
NS an DB	1
DR	60
DR an SU	24
ČSD	4
CFR	40
MPS	82
PKP	51
+ vor 1945	10
unbekannt	2
Summe	**857**

Erstzuteilungen der G 8^2

Auch für die G 8^2 steuerte Joachim Dürlich umfangreiche Angaben zu Neuzuteilungen ab der späteren Betriebsnummer 56 2011 bei. Sie stammen aus Akten des Thüringischen Hauptstaatsarchivs in Weimar. Die Telegrammbriefe enthalten Lokzuteilungen auch anderer Lokreihen und sind nur insoweit vorhanden, als sie die Direktion Erfurt betreffen. Wohl deshalb fehlen die Telegrammbriefe mit Angaben zu den späteren 56 2022, 2024-2029, 2066-2074, 2137, 2163-2164, 2191, 2199, 2282, 2283, 2362, 2405-2406, 2596, 2648-2687, 2712, 2727-2761, 2803, 2820-2824, 2846-2849, 2861-2864. Die späteren Lok 56 2292, 2366, 2434, 2637, 2642, 2723, 2792, 2805, 2826 und 2896 sind doppelt genannt (mit * markiert), darunter bei mehreren Direktionen:

56 2366	bei Münster und Oppeln (wohl Oppeln)
2642	bei Breslau und Osten (wohl Breslau)
2792	bei Breslau und Cassel
2808	bei Altona und Halle

Möglicherweise liegt die Ursache in Nacharbeiten nach der Probefahrt. In den Telegrammbriefen sind bis 1923 die preußischen Nummern genannt oder schlicht Schreibfehler. Zu besserem Verständnis nenne ich auch hier die späteren Reichsbahn-Nummern. Diese Akte wurde am 11. November 1924 geschlossen. Für die Folgezeit liegen nur einige wenige HV-Verfügungen aus anderer Quelle vor:

34.D.15552 vom 25. November 1924:
- 56 2846 und 2847 neu an Rbd Breslau

34.D.17146 vom 29. Dezember 1924:
- 56 2905 neu an Rbd Berlin

34.D.449 vom 14. Januar 1925 (oben abgeschnitten):
- 56 2862 neu an Rbd Mainz
- 56 2848, 2849 neu an Rbd Essen

34.D.3281 vom 17. Februar 1925:
- 56 2863 neu an Rbd Mainz

Die am 20. Februar 1925 abgenommene 56 2863 war – abgesehen von den Nachzüglern des Jahres 1928 – die letzte gelieferte der G 8^2-Großserien.

E.VII.74 Nr.767	15.11.1920	ED Kattowitz	5901-5902 Kat	56 2011-2012
E.VII.74 Nr.827	22.11.1920	ED Kattowitz	5903-5905 Kat	56 2013-2015
E.VII.74 Nr.904	29.11.1920	ED Kattowitz	5906-5910 Kat	56 2016-2020
		ED Breslau	5651 Mag	56 2021
		ED Breslau	5653 Mag	56 2023
E.VII.74 Nr.1056	13.12.1920	ED Breslau	5660 Mag	56 2030
		ED Köln	5666-5670 Cas	56 2031-2035
		ED Cassel	5671-5673 Cas	56 2036-2038
E.VII.74 Nr.1123	20.12.1920	ED Cassel	5374-5375 Cas	56 2039-2040
		ED Mainz	5701-5708 Cöl	56 2041-2048
E.VII.74 Nr.1187	27.12.1920	ED Mainz	5709-5710 Cöl	56 2049-2050
		ED Mainz	5351-5355 Mz	56 2051-2055
E.VII.74 Nr. 7	03.01.1921	ED Cöln	5356-5360 Mz	56 2056-2060
E.VII.74 Nr. 71	11.01.1921	ED Cöln	5376-5380 Cas	56 2061-2065
E.VII.74 Nr. 154	17.01.1921	ED Cöln	5390-5395 Cas	56 2075-2080
E.VII.74 Nr. 215	24.01.1921	ED Cöln	5396-5397 Cas	56 2081-2082
E.VII.74 Nr. 303	31.01.1921	ED Cöln	5398-5399 Cas	56 2083-2084
		ED Cöln	5001-5005 Cas	56 2085-2089
E.VII.74 Nr. 406	07.02.1921	ED Cöln	5006-5014 Cas	56 2090-2098
E.VII.74 Nr. 540	15.02.1921	ED Cöln	5015-5021 Cas	56 2099-2105
E.VII.74 Nr. 644	21.02.1921	ED Cöln	5022-5026 Cas	56 2106-2110
E.VII.74 Nr. 747	28.02.1921	ED Cöln	5027-5029 Cas	56 2111-2113
		ED Halle	5030-5034 Cas	56 2114-2118
E.VII.74 Nr. 832	07.03.1921	ED Halle	5035-5037 Cas	56 2119-2121
E.VII.74 Nr. 953	14.03.1921	ED Halle	5038-5044 Cas	56 2122-2128
		ED Hannover	5901 Han	56 2151
E.VII.74 Nr.1029	21.03.1921	ED Halle	5045-5048 Cas	56 2129-2132
		ED Hannover	5902 Han	56 2152
E.VII.74 Nr.1119	29.03.1921	ED Hannover	5049-5052 Cas	56 2133-2136
E.VII.74 Nr.1199	04.04.1921	ED Mainz	5054-5058 Cas	56 2138-2142
		ED Hannover	5903 Han	56 2153
E.VII.74 Nr.1305	12.04.1921	ED Mainz	5059 Cas	56 2143
		ED Hannover	5904 Han	56 2154
E.VII.74 Nr.1418	18.04.1921	ED Mainz	5060-5062 Cas	56 2144-2146
		ED Hannover	5063-5066 Cas	56 2147-2150
		ED Hannover	5905-5906 Han	56 2155-2156
E.VII.74 Nr.1503	26.04.1921	ED Hannover	5907 Han	56 2157
E.VII.74 Nr.1610	03.05.1921	ED Hannover	5908 Han	56 2158
E.VII.74 Nr.1709	10.05.1921	ED Cassel	5076-5078 Cas	56 2169-2171
		ED Hannover	5909-5910 Han	56 2159-2160
E.VII.74 Nr.1813	17.05.1921	ED Cassel	5079-5080 Cas	56 2172-2173
		ED Hannover	5911 Han	56 2161
E.VII.74 Nr.1894	24.05.1921	ED Cassel	5081 Cas	56 2174
E.VII.74 Nr.2018	31.05.1921	ED Cassel	5082 Cas	56 2175
		ED Hannover	5912 Han	56 2162
E.VII.74 Nr.2119	06.06.1921	ED Cassel	5083 Cas	56 2176
E.VII.74 Nr.2254	14.06.1921	ED Hannover	5915 Han	56 2165
E.VII.74 Nr.2368	20.06.1921	ED Hannover	5067 Cas	56 2167
E.VII.74 Nr.2469	27.06.1921	ED Hannover	5916 Han	56 2166
		ED Hannover	5068 Cas	56 2168
		ED Hannover	5069 Cas	56 2189
E.VII.74 Nr.2636	05.07.1921	ED Hannover	5070 Cas	56 2190
		ED Hannover	5077 Cas*	56 2170

* doppelt; könnte sein 5071 Cas, 56 2191

E.VII.74 Nr.2721	12.07.1921	ED Hannover	5072-5073 Cas	56 2192-2193
E.VII.74 Nr.2849	19.07.1921	ED Cassel	5084-5085 Cas	56 2177-2178
		ED Hannover	5074 Cas	56 2194
E.VII.74 Nr.2980	26.07.1921	ED Magdeb.	5086-5089 Cas	56 2179-2182
		ED Magdeb.	5075 Cas	56 2195
E.VIIa.74.D.11879	02.08.1921	ED Magdeburg	5090 Cas	56 2183
		ED Magdeburg	5096 Cas	56 2196
E.VIIa.74.D.12371	08.08.1921	ED Magdeburg	5097 Cas	56 2197
E.VIIa.74.D.12981	15.08.1921	ED Halle	5091-5094 Cas	56 2184-2187
		ED Halle	5098 Cas	56 2198
E.VIIa.74.D.13357	23.08.1921	ED Halle	5124-5125 Cas	56 2204-2205
		ED Cassel	5095 Cas	56 2188
		ED Cassel	5104-5106 Cas	56 2240-2242
E.VIIa.74.D.13911	29.08.1921	ED Halle	5126-5129 Cas	56 2206-2209
		ED Cassel	5107-5110 Cas	56 2243-2246
		ED Frankfurt	5100 Cas	56 2200
		ED Essen	4843-4852 Cas	56 2407-2416
E.VIIa.74.D.14345	06.09.1921	ED Halle	5130-5131 Cas	56 2210-2211
		ED Frankfurt	5191 Cas	56 2201
		ED Essen	4853-4854 Cas	56 2417-2418
E.VIIa.74 D.14772	13.09.1921	ED Mainz	5132-5135 Cas	56 2212-2215
		ED Mainz	5111-5113 Cas	56 2247-2249
		ED Essen	4855-4856 Cas	56 2419-2420
E.VIIa.74 D.15402	20.09.1921	ED Mainz	5136-5138 Cas	56 2216-2218
		ED Hannover	5139-5143 Cas	56 2219-2223
		ED Essen	4857-4863 Cas	56 2421-2427
E.VIIa.74 D.15838	27.09.1921	ED Hannover	5144-5148 Cas	56 2224-2228
		ED Halle	5149-5150 Cas	56 2229-2230
		ED Mainz	5102-5103 Cas	56 2202-2203
		ED Essen	4864-4870 Cas*	56 2428-2434
E.VIIa.74 D.16288	3.10.1921	ED Halle	4820-4824 Cas	56 2231-2235
		ED Mainz	4829 Cas	56 2260

Bild 71 – Lok 5134 Cassel im Fotografieranstrich mit aufgemaltem Frontschild. Die spätere **56 2214** war lange in Oberlahnstein beheimatet und schied 1950 als Kriegsschadlok bei der ED Regensburg aus.
AUFNAHME: WERKBILD HANOMAG, SAMMLUNG DR. THOMAS SAMEK

		ED Essen	4870-4876 Cas*	56 2434-2440
			* 4870 Cas zweimal genannt.	
E.VIIa.74 D.16823	12.10.1921	ED Halle	4825 Cas	56 2236
		ED Mainz	5114 Cas	56 2250
		ED Mainz	4830 Cas	56 2261
		ED Essen	4877-4878 Cas	56 2471-2472
E.VIIa.74 D.17216	17.10.1921	ED Hannover	4826-4828 Cas	56 2237-2239
		ED Mainz	4831-4832 Cas	56 2262-2263
		ED Halle	5115-5116 Cas	56 2251-2252
		ED Essen	4879-4883 Cas	56 2443-2447
E.VIIa.74 D.17850	25.10.1921	ED Hannover	4912-4915 Cas	56 2272-2275
		ED Hannover	4916 Cas	56 2281
		ED Halle	5117-5119 Cas	56 2253-2255
		ED Mainz	4884-4889 Cas	56 2448-2453
E.VIIa.74 D.18535	31.10.1921	ED Hannover	4877-4878 Cas	56 2441-2442
		ED Frankfurt	4833 Cas	56 2264
		ED Mainz	5120-5122 Cas	56 2256-2258
		ED Mainz	4890-4896 Cas	56 2454-2460
E.VIIa.74 D.18901	08.11.1921	ED Cassel	4919-4921 Cas	56 2284-2286
		ED Cassel	4834 Cas	56 2265
		ED Mainz	5123 Cas	56 2259
E.VIIa.74 D.19443	14.11.1921	ED Cassel	4922 Cas	56 2287
		ED Mainz	4835 Cas	56 2266
		ED Frankfurt	4937-4941 Cas	56 2302-2306
		ED Mainz	4897 Cas	56 2461
E.VIIa.74 D.19796	22.11.1921	ED Mainz	4942-4943 Cas	56 2307-2308
		ED Mainz	4898-4900 Cas	56 2462-2464
		ED Mainz	4836 Cas	56 2267
E.VIIa.74 D 20320	29.11.1921	ED Mainz	4944-4947 Cas	56 2309-2312
		ED Mainz	4837-4838 Cas	56 2268-2269
		ED Essen	4902 Cas	56 2466
E.VIIa.74 D 20795	06.12.1921	ED Frankfurt	4948-4949 Cas	56 2313-2314
		ED Frankfurt	4939 Cas	56 2270
		ED Essen	4901 Cas	56 2465
		ED Essen	4903-4904 Cas	56 2467-2468

E.VIIa.74 D 21320	13.12.1921	ED Halle	4950-4952 Cas	56 2315-2317
		ED Halle	4840 Cas	56 2271
E.VIIa.74 D 21817	20.12.1921	ED Elberfeld	4953-4955 Cas	56 2318-2320
E.VIIa.74 D 22301	27.12.1921	ED Halle	4956-4960 Cas	56 2321-2325
E.III.31.D.1	03.01.1922	ED Halle	4961-4962 Cas	56 2326-2327
		ED Essen	4905-4908 Cas	56 2469-2472
E.III.31.D.426	10.01.1922	ED Halle	4963-4964 Cas	56 2328-2329
E.III.31.D.1589	24.01.1922	ED Essen	4909 Cas	56 2473
E.III.31.D.2027	31.01.1922	ED Halle	4923-4925 Cas	56 2288-2290
		ED Essen	4910 Cas	56 2474
E.III.31.D.3056	14.02.1922	ED Essen	4965-4968 Cas	56 2330-2333
		ED Essen	4911 Cas	56 2475
E.III.31.D.3665	21.02.1922	ED Essen	4926 Cas	56 2291
		ED Essen	4969-4972 Cas	56 2334-2337
E.III.31.D.4234	28.02.1922	ED Essen	4927 Cas	56 2292*
		ED Essen	4973-4976 Cas	56 2338-2341
		ED Halle	4977-4980 Cas	56 2342-2345
E.III.31.D.4837	07.03.1922	ED Essen	4927-4929 Cas	56 2292-2294*
		ED Essen	4981-4983 Cas	56 2346-2348
E.III.31.D.5343	14.03.1922	ED Essen	4930 Cas	56 2295
		ED Essen	4984-4986 Cas	56 2349-2351
E.III.31.D.6162	21203.1922	ED Elberfeld	4987-4988 Cas	56 2352-2353
E.III.31.D.6732	28.03.1922	ED Hannover	4931-4933 Cas	56 2296-2298
		ED Cassel	4989-4990 Cas	56 2354-2355
E.III.31.D.7345	04.04.1922	ED Hannover	4934 Cas	56 2299
E.III.31.D.7919	11.04.1922	ED Hannover	4935 Cas	56 2300
		ED Halle	4991-4994 Cas	56 2356-2359
E.III.31.D.9907	02.05.1922	ED Hannover	4936 Cas	56 2301
		ED Halle	4995-4996 Cas	56 2360-2361
E.III.31.D.11147	16.05.1922	ED Münster	3301 Cas*	56 2366
E.III.31.D.13482	12.06.1922	ED Münster	4998 Cas	56 2363
E.III.31.D.14088	19.06.1922	ED Kattowitz	4999 Cas	56 2364
E.III.31.D.15229	04.07.1922	Rbd Oppeln	5000 Cas	56 2365
E.III.31.D.17690	01.08.1922	Rbd Oppeln	3301 Cas*	56 2366
E.III.31.D.19863	29.08.1922	Rbd Cassel	3352-3358 Cas	56 2551-2557

Bild 72 – Vermutlich im RAW Nied entstand um 1932 die Aufnahme der Bischofsheimer **56 2048** und der schon 1922 ausgemusterten 1A-n2v-Tenderlok ex 6003 Hannover (Hanomag 1883), Werklok einer Konservenfabrik. 1932 wurde das Deutsche Lokomotivbild-Archiv in Darmstadt Eigentümer der frisch mit „6003 Hannover" beschrifteten Lok. Heute steht der Winzling als „1907 Hannover" im Deutschen Technikmuseum in Berlin. AUFNAHME: HERMANN MAEY, SAMMLUNG HANS-JÜRGEN WENZEL

E.III.31.D.20501	05.09.1922	Rbd Cassel	3359 Cas	56 2558
		Rbd Hannover	3302 Cas	56 2367
E.III.31.D.20989	12.09.1922	Rbd Cassel	3360 Cas	56 2559
		Rbd Hannover	3303 Cas	56 2368
E.III.31.D.21557	19.09.1922	Rbd Hannover	3304 Cas	56 2369
E.III.31.D.22160	19.09.1922	Rbd Hannover	3305 Cas	56 2370
E.IV.31.D.8852	03.10.1922	Rbd Hannover	3306-3307 Cas	56 2371-2372
E.IV.31.D.9070	10.10.1922	Rbd Hannover	3308 Cas	56 2373
E.IV.31.D.9272	17.10.1922	Rbd Hannover	3309 Cas	56 2374
E.IV.31.D.9553	24.10.1922	Rbd Hannover	3310 Cas	56 2375
		Rbd Cassel	3314-3316 Cas	56 2379-2381
E.IV.31.D.9778	31.10.1922	Rbd Hannover	3311 Cas	56 2376
		Rbd Cassel	3317-3320	56 2382-2385
E.IV.31.D.10016	07.11.1922	Rbd Cassel	3361 Cas	56 2560
		Rbd Hannover	3312 Cas	56 2377
		Rbd Oldenburg	3321-3323 Cas	56 2386-2388
E.IV.31.D.10315	14.11.1922	Rbd Cassel	3362 Cas	56 2561
		Rbd Mainz	3313 Cas	56 2378
		Rbd Oldenburg	3324-3325 Cas	56 2389-2390
E.IV.31.D.10544	21.11.1922	Rbd Cassel	3363-3364 Cas	56 2562-2563
		Rbd Mainz	3314 Cas	56 2379
		Rbd Oldenburg	3326 Cas	56 2391
		Rbd Oppeln	3327-3328 Cas	56 2392-2393
E.IV.31.D.10764	28.11.1922	Rbd Cassel	3365-3368 Cas	56 2564-2567
		Rbd Mainz	3341 Cas	56 2597
		Rbd Oppeln	3329-3331 Cas	56 2394-2396
E.IV.31.D.11067	05.12.1922	Rbd Cassel	3369-3371 Cas	56 2568-2570
		Rbd Mainz	3342 Cas	56 2598
		Rbd Oppeln	3332-3334 Cas	56 2397-2399
E.IV.31.D.11329	12.12.1922	Rbd Hannover	3460-3466 Cas	56 2586-2592
		Rbd Mainz	3343 Cas	56 2599
		Rbd Oppeln	3335-3339 Cas	56 2400-2404
E.IV.31.D.11619	19.12.1922	Rbd Mainz	3344 Cas	56 2600
E.IV.31.D.11863	26.12.1922	Rbd Altona	3392-3397 Cas	56 2571-2576
		Rbd Mainz	3345 Cas	56 2601
E.IV.31. Nr. 5	3.01.1923	Rbd Mainz	3346 Cas	56 2602
E.IV.31. Nr. 157	09.01.1923	Rbd Altona	3398-3404 Cas	56 2577-2583
		Rbd Mainz	3347 Cas	56 2603
E.IV.31. Nr. 429	16.01.1923	Rbd Altona	3405 Cas	56 2584
		Rbd Mainz	3348 Cas	56 2604
E.IV.31. Nr. 665	23.01.1923	Rbd Altona	3406 Cas	56 2585
		Rbd Mainz	3349 Cas	56 2605
E.IV.31. Nr. 957	30.01.1923	Rbd Mainz	3350 Cas	56 2606
E.IV.31. Nr. 1219	06.02.1923	Rbd Altona	3351 Cas	56 2607
E.IV.31. Nr. 1551	13.02.1923	Rbd Altona	3407 Cas	56 2608
E.IV.31. Nr. 1893	20.02.1923	Rbd Altona	3470-3471 Cas	56 2610-2611
E.IV.31. Nr. 2346	27.02.1923	Rbd Altona	3472 Cas	56 2612
E.IV.31. Nr. 2812	13.03.1923	Rbd Oldenburg	3473 Cas	56 2613
E.IV.31. Nr. 3047	20.03.1923	Rbd Oldenburg	3474 Cas	56 2614
		Rbd Breslau	3413-3414 Cas*	56 2636-2637
		Rbd Oldenburg	3467-3469 Cas	56 2593-2595
E.IV.31. Nr. 3323	27.03.1923	Rbd Oldenburg	3475 Cas	56 2615
		Rbd Breslau	3414 Cas*	56 2637
E.IV.31. Nr. 3507	03.04.1923	Rbd Breslau	3415-3416 Cas	56 2638-2639
		Rbd Oppeln	3372 Cas	56 2476
		Rbd Breslau	3373-3376 Cs	56 2477-2480
E.IV.31. Nr. 3805	10.04.1923	Rbd Cassel	31 658-659	56 2688-2689
		Rbd Oldenburg	3476 Cas	56 2616
		Rbd Breslau	3377-3381 Cas	56 2481-2485
E.IV.31. Nr. 4024	17.04.1923	Rbd Cassel		56 2690-2692
		Rbd Altona	3408 Cas	56 2609
		Rbd Breslau	3382-3389 Cas	56 2617-2624
		Rbd Breslau	3418-3419 Cas*	56 2641-2642
E.IV.31. Nr. 4304	24.04.1923	Rbd Cassel	3390-3391 Cas	56 2625-2626
		Rbd Breslau	3417 Cas	56 2640
		Rbd Breslau	3482 Cas	56 2643
E.IV.31. Nr. 4546	01.05.1923	Rbd Cassel		56 2697-2698
		Rbd Halle	31 671-672	56 2701-2702
E.IV.31. Nr. 4824	08.05.1923	Rbd Cassel	31 673	56 2703
		Rbd Breslau	3483 Cas	56 2644
		Rbd Cassel		56 2693-2695
E.IV.31. Nr. 4977	15.05.1923	Rbd Cassel		56 2696, 2699
		Rbd Cassel		56 2762-2766
		Rbd Breslau	3484 Cas	56 2645
E.IV.31. Nr. 5191	22.05.1923	Rbd Cassel		56 2767-2770
		Rbd Cassel		56 2700
		Rbd Breslau	3485 Cas	56 2646
E.IV.31. Nr. 5396	29.05.1923	Rbd Cassel		56 2771
		Rbd Cassel		56 2704
		Rbd Breslau	3486 Cas	56 2647
E.IV.31. Nr. 5581	05.06.1923	Rbd Cassel		56 2705
		Rbd Osten	3419 Cas*	56 2642
E.IV.31. Nr. 5788	12.06.1923	Rbd Cassel		56 2706
		Rbd Breslau	(3409-3410 Cas)	56 2627-2628
E.IV.31. Nr. 6004	19.06.1923	Rbd Breslau		56 2629
		Rbd Magdeburg		56 2719

E.IV.31. Nr. 6245	25.06.1923	Rbd Cassel	56 2707-2708
		Rbd Halle 3411 Cas	56 2630
		Rbd Halle (3477-3481 Cas)	56 2631-2635
E.IV.31. Nr. 6465	03.07.1923	Rbd Cassel	56 2709
		Rbd Halle 31 683-686	56 2713-2716
		Rbd Magdeburg	56 2720
E.IV.31. Nr. 6681	10.07.1923	Rbd Halle	56 2717-2718
E.IV.31. Nr. 7073	24.07.1923	Rbd Halle	56 2721
E.IV.31. Nr. 7194	31.07.1923	Rbd Cassel	56 2710-2711
E.IV.31. Nr. 7440	07.08.1923	Rbd Halle	56 2722-2723*
E.IV.31. Nr. 7643	14.08.1923	Rbd Cassel	56 2792
E.IV.31. Nr. 7870	21.08.1923	Rbd Cassel	56 2776
		Rbd Halle	56 2723*
E.IV.31. Nr. 8096	28.08.1923	Rbd Cassel	56 2777
E.IV.31. Nr. 8226	04.09.1923	Rbd Magdeburg	56 2772-2774 (Nielebockpumpen)
E.IV.31. Nr. 8477	11.09.1923	Rbd Halle	56 2775, 2778
E.IV.31. Nr. 8675	18.09.1923	Rbd Halle	56 2779
E.IV.31. Nr. 8869	26.09.1923	Rbd Halle	56 2724, 2780
E.IV.31. Nr. 9029	02.10.1923	Rbd Halle	56 2725-2726
E.IV.31. Nr. 9186	09.10.1923	Rbd Halle	56 2781
E.IV.31. Nr. 9277	16.10.1923	Rbd Halle	56 2782
E.IV.31. Nr. 9433	23.10.1923	Rbd Halle	56 2783, 2800-2801
E.IV.31. Nr. 9556	30.10.1923	Rbd Halle	56 2784, 2802
E.IV.31. Nr. 9689	06.11.1923	Rbd Halle	56 2785, 2798-2799
E.IV.31. Nr. 9834	13.11.1923	Rbd Breslau	56 2786-2787
		Rbd Halle	56 2805* 2803?
E.IV.31. Nr. 9975	20.11.1923	ED Halle	56 2804
E.IV.31. Nr. 10070	27.11.1923	Rbd Breslau	56 2788-2792*
		Rbd Halle	56 2805*
E.IV.31. Nr. 10191	04.12.1923	Rbd Breslau	56 2793-2797
E.IV.31. Nr. 10314	11.12.1923	Rbd Breslau	56 2864-2866
E.IV.31. Nr. 10478	19.12.1923	Rbd Halle	56 2806, 2850
		Rbd Osten	56 2867-2871
E.IV.31. Nr. 10598	27.12.1923	Rbd Halle	56 2807
		Rbd Osten	56 2872-2876
E.IV.31. Nr. 10709	31.12.1923	Rbd Osten	56 2877-2878
E.IV.31. Nr. 89	08.01.1924	Rbd Halle	56 2808*
E.IV.31. Nr. 295	16.01.1924	Rbd Halle	56 2851, 2879
E.IV.31. Nr. 588	30.01.1924	Rbd Halle	56 2852
E.IV.31. Nr. 1344	26.02.1924	Rbd Halle	56 2853, 2880
E.IV.31. Nr. 1481	04.03.1924	Rbd Halle	56 2881
		Rbd Altona	56 2808*-2817
E.IV.31. Nr. 1871	18.03.1924	Rbd Halle	56 2882-2883
E.IV.31. Nr. 2015	25.03.1924	Rbd Halle	56 2854
E.IV.31. Nr. 2183	01.04.1924	Rbd Berlin	56 2884-2885
E.IV.31. Nr. 2356	07.04.1924	Rbd Berlin	56 2886
E.IV.31. Nr. 2543	15.04.1924	Rbd Berlin	56 2887
		Rbd Hannover	56 2818-2819
E.IV.31. Nr. 2659	22.04.1924	Rbd Hannover	56 2820-2824
E.IV.31. Nr. 2787	29.04.1924	Rbd Mainz	56 2855
		Rbd Berlin	56 2888
HV.31. Nr. 2926	06.05.1924	Rbd Berlin	56 2889-2890
HV.43.Nr. 3158	20.05.1924	Rbd Mainz	56 2856
		Rbd Berlin	56 2891
		Rbd Hannover	56 2825
HV.43.Nr. 3288	27.05.1924	Rbd Berlin	56 2892
HV.43.Nr. 3365	03.06.1924	Rbd Berlin	56 2893
		Rbd Hannover	56 2829
HV.43.Nr. 3469	10.06.1924	Rbd Mainz	56 2857
		Rbd Berlin	56 2894
HV.43.Nr. 3619	17.06.1924	Rbd Berlin	56 2895
		Rbd Hannover	56 2826*, 2828
HV.43.Nr. 3752	23.06.1924	Rbd Hannover	56 2826*
		Rbd Berlin	56 2896*
HV.43.Nr. 3752	30.06.1924	Rbd Berlin	56 2896*
HV.43.Nr. 4008	08.07.1924	Rbd Berlin	56 2897-2898
HV.43.Nr. 4296	22.07.1924	Rbd Mainz	56 2858
		Rbd Hannover	56 2830-2835
HV.43.Nr. 4405	29.07.1924	Rbd Essen	56 2899
HV.43.Nr. 4535	07.08.1924	Rbd Hannover	56 2836-2840
HV.43.Nr. 4645	12.08.1924	Rbd Essen	56 2900
HV.43.Nr. 4769	19.08.1924	Rbd Mainz	56 2859
		Rbd Hannover	56 2827
HV.43.Nr. 5173	09.09.1924	Rbd Essen	56 2901
HV.43.Nr. xxx (*Aktenblatt beschädigt*)			
	16.09.1924	Rbd Essen	56 2902
HV.43.Nr. 5495	30.09.1924	Rbd Hannover	56 2841-2845
HV.43.Nr. 5642	07.10.1924	Rbd Mainz	58 2860
HV.34.D.13950	21.10.1924	Rbd Essen	56 2903
HV.34.D.13950	04.11.1924	Rbd Berlin	56 2904

Die Zuteilung zu den einzelnen Direktionen (spätere DR-Nummern)

Dir. Altona, Lieferung Januar 1923 bis Juni 1924

56 2572-2585 2607-2612 2808-2817

Dir. Berlin, Lieferung März bis November 1924

56 2884-2898 2904

Dir. Breslau, Lieferung Dezember 1920 bis Januar 1924

56 2021 2023 2040 2477-2485 2617-2624 2627-2629 2636-2647 2786-2797 2864-2866

Dir. Cassel, Lieferung Dezember 1920 bis September 1923

56 2036-2040 2169-2178 2188 2240-2246 2265 2284-2287 2354-2355 2379-2385 2551-2570 2625-2626 2688-2700 2703-2711 2762-2771 2776-2777 2792

Dir. Eberfeld, Lieferung Dezember 1921 bis März 1922

56 2318-2320 2352-2353

Dir. Essen, Lieferung September 1921 bis Oktober 1924

56 2291-2295 2330-2341 2346-2351 2397-2441 2443-2447 2465-2475 2899-2903

Dir. Frankfurt, Lieferung September bis Dezember 1921

56 2200-2201 2264 2270 2302-2306 2313-2314

Dir. Halle, Lieferung März 1921 bis März 1924

56 2114-2132 2184-2187 2198 2204-2211 2229-2236 2251-2255 2271 2288-2290 2315-2317 2321-2328 2342-2345 2356-2361 2630-2635 2701-2702 2713-2718 2721-2726 2775 2778-2785 2798-2802 2804-2808 2850-2854 2879-2883

Dir. Hannover, Lieferung April 1921 bis November 1924

56 2133-2136 2147-2162 2165-2168 2189-2194 2219-2228 2237-2239 2272-2275 2281 2296-2301 2367-2377 2441-2442 2586-2592 2818-2845

Dir. Kattowitz (ab 56 2365 Oppeln), Lieferung Nov. 1920 bis April 1923

56 2011-2020 2364-2366 2392-2404 2476

Dir. Köln, Lieferung März 1920 bis März 1921

56 2031-2035 2056-2065 2075-2113

Dir. Magdeburg, Lieferung August 1921 bis September 1923

56 2179-2183 2195-2197 2719-2720 2772-2774

Dir. Mainz, Lieferung Januar 1921 bis Oktober 1924

56 2041-2055 2138-2146 2202-2203 2212-2218 2247-2250 2256-2263 2266-2269 2307-2312 2378-2379 2448-2464 2597-2606 2855-2860

Dir. Münster, Lieferung Juni 1922

56 2363 2366?

Dir. Oldenburg, Lieferung November 1921 bis März 1923

56 2276-2280 2386-2391 2593-2595 2613-2616

Dir. Osten, Lieferung Dez. 1923 bis Januar 1924

56 2642? 2867-2878

Bestände der Reichsbahndirektionen bis 1945

Vorab gilt für alle RBD bis 1945: Die neuerdings sogar bei Wikipedia veröffentlichte Bw-Zuteilung per Oktober 1925 ist eine freie Erfindung eines Wichtigtuers, „untermauert" noch durch das Märchen, die Liste stamme aus dem Archiv Werner Umlauft (der nie eine solche besessen hat; ich kannte Werner seit 1975). 1989 hieß es noch, die Liste stamme aus dem Verkehrsmuseum Dresden. Wie zu erwarten, wurde sie dort nicht gefunden, als die Westfreunde nach der Wende dort nachforschen konnten, so dass heute eine andere Legende herhalten muss.

Reichsbahndirektion Berlin

Ab März 1924 wurden der Rbd Berlin die Neubaulok 56 2884-2898 und 2904 zugewiesen. Sie blieben nicht lange hier, denn schon Ende 1925 besaß die Rbd Berlin keine G 8^2 mehr.

Reichsbahndirektion Breslau

Im Dezember 1920 erhielt die Rbd Breslau, beginnend mit der späteren 56 2021, einige G 8^2. Ab April 1923 erschienen wieder G 8^2, und der Bestand wuchs alsbald erheblich an: Ende 1925 waren es bereits 71. Alleine in den Monaten September/Oktober 1926 kamen 15 56^{20} aus der Rbd Kassel. 1932 waren bereits 86 im Breslauer Bestand. Bekannte Bw sind Bw Arnsdorf (b. Liegnitz), Breslau Freib. Bf (1932: neun Lok), Brockau, Kohlfurt, Liegnitz, Mochbern, Oels, Sagan und Sommerfeld. 56^{20} der Bw Brockau und Mochbern wendeten u.a. in Arnsdorf, Glogau und Liegnitz. Ferner standen für die Güterzugförderung beispielsweise am Stichtag 31. Dezember 1934 neben 87 G 8^2 124 G 8^1 (55^{25}), 87 G 10 (57^{10}) und 75 G 12 (58^{10}) in den einzelnen Bw dieser Direktion. Ab April 1940 setzte Bw Sagan acht doppelt besetzte 56^{20} ausschließlich im Güterzugdienst ein. Wendebahnhöfe waren Arnsdorf (b. Liegnitz), Brockau, Cottbus, Falkenberg, Frankfurt (O) und Senftenberg.

Eine Beheimatungsliste wurde bislang nicht gefunden, auch nicht in den seit der Wende zugänglichen polnischen Archiven. Aus den Jahren 1932 bis 1934 sind nur bekannt:

Bw Brockau
56 2021 2023 2026 2173 2629 2642 2787 2789 2794 2864
Bw Mochbern (ab 15. Mai 1928: Breslau-Mochbern)
56 2022 2478 2481 2617 2618 2791
Bw Kohlfurt (1936; vollständig)
56 2485 2793 2867 2875 2878
Bw Sommerfeld
56 2172

56 2711 soll vom 28 Juli 1927 bis 21. Mai 1936 in Breslau Hbf beheimatet gewesen sein, was ich anzweifle. Im Mai 1936 waren 124 56^{20} der Rbd Breslau und Oppeln beim RAW Oels werkstättenpflichtig. Eine Zuordnung nach Nummern auf beide Rbd enthält die von Friedrich Schadow übermittelte Liste nicht.

Erinnert sei an die wichtige Aufgabe der RBD Breslau als Mittlerin des Verkehrs zwischen Oberschlesien und dem Hafen Stettin. In einer Nachtragsliste der Ostabgabelok von 25. Juni 1942 stehen 86 – wohl so ziemlich der gesamte Bestand, davon alleine 40 vom Bw Brockau. Dies dürfte in etwa der Gesamtbestand sein, der sich am 31. Dezember 1940 auf 92 Lok der Reihe 56^{20} belief.

Bw Brockau
56 2002 2023 2024 2026 2036 2173 2174 2388 2478 2480
2481 2482 2484 2620 2636 2637 2638 2639 2641 2642
2645 2646 2647 2650 2698 2705 2788 2789 2793 2796
2860 2864 2867 2868 2869 2870 2871 2872 2873 2877
Bw Liegnitz
56 2030 2256 2433 2621 2622 2625 2628 2644 2671 2727
2790 2791 2797 2805 2876 2878
Bw Mochbern
56 2477 2710
Bw Oels
56 2792
Bw Sagan
56 2021 2027 2075 2113 2170 2171 2216 2314 2423 2453
2485 2643 2654 2706 2737 2795 2874 2875
Bw Sommerfeld
56 2016 2479 2623 2627 2699 2700 2709 2711 2857

Auch an Stelle der G 8^2 wurden Mietlok überwiesen, u. a. 75 französische Pershings amerikanischer Bauart (1'D-h2), von denen 28 % erst mal in ein RAW mussten. Sie waren beim Personal auch in anderen Direktionen unbeliebt, da sie links gelegene Händelsteuerung besaßen. Bis September 1944 waren 35 der G 8^2-Ostlok Zug um Zug mit Anlieferung der Reihe 52 ins besetzte Russland zur RBD Breslau zurückgekehrt. In den seit 1938 der RBD Breslau unterstellten Sudeten-Bw war unsere Lok wegen ihres Achsdrucks von 17 t nicht beheimatet.

Heutige Namen:

Arnsdorf (b. Liegnitz)	Miłkowice	Liegnitz	Legnica
Breslau	Wrocław	Mochbern	Wrocław-Gądow
Breslau Freib.	Wrocław Świbodzki	Oels	Oleśnica
Brockau	Brochów	Sagan	Żagań
Kohlfurt	Węgliniec	Sommerfeld	Lubsko

Reichsbahndirektion Danzig

Ob die 1939 entstandene RBD Danzig 56^{20} besaß, ist wegen der unsicheren Quellenlage nicht bekannt. Am 13. November 1942 meldet sie dem RVM, dass in Streckengüterzugdienst eingesetzt sind die Reihen 44, 50, 55^{16}, 55^{25}, 56^2, 57^{10}, 58^{2-3} (!) und 58^{23} (PKP Ty23), also keine 56^{20}. Ebenso führen weder der Bestand von Dezember 1943 noch eine Übersicht von März 1944 56^{20} auf. In der am 13. Februar 1945 erstellten Suchliste per Dezember 1944 stehen die beiden Lok 56 2414 und 56 2886, wohl im Bezirk gestrandete Ostrückführlok.

Reichsbahndirektion Essen

Die Geschichte der G 8^2 begann im September 1921, beginnend mit Lok 4843 Cas (56 2407). Bis Ende Dezember 1925 waren 169 G 8^2 eingetroffen; am 31. Dezember 1932 besaß die Rbd Essen 137 G 8^2. Auch hier fehlen nummernmäßige Zuteilungslisten. Bei Bellingrodt gefundene handschriftliche Notizen von Reisenden spiegeln das wahre Bild nicht wieder, befuhren doch auch die G8^2 meist für Reisende nicht zugängliche Güterzugstrecken und Werksanschlussbahnen. Notiert wurden 1930/1932:

Bw Bochum Nord
56 2439
Bw Dortmunderfeld
56 2438 2659 2683 2727 2733 2734 2902
Bw Dortmund Vbf
56 2348 2349 2419 2422 2446 2575 2577 2653 2663 2667*
2671
* Nummernschild über dem Reichsbahnschild

Bild 73 – Neu an die Rbd Essen wurde **56 2902** geliefert. Die Aufnahme entstand 1931 in ihrem Heimat-Bw Hamm. Die Gegengewichte der Kuppelachsen sind durchbohrt. Vom Osteinsatz abgesehen, blieb sie der Direktion Essen treu. 1961 erfolgte beim Bw Ruhrort Hafen die Ausmusterung. AUFNAHME: CARL BELLINGRODT, SAMMLUNG JÖRG SAUTER

Bw Hamm
56 2338 2346 2416 2424 2425 2429 2432 2467 2468 2469 2475 2584 2648 2826

Bw Wedau
56 2319 2413 2655 2661 2678

Ostendorf nennt aufschlussreiche Tabellen aus den dreißiger Jahren:

	05.09.30	01.01.32	18.05.33	17.05.35	08.05.36
Bochum Hbf	13	13	12	4	-
Dortmund Vbf	41	41	38	25	25
Dortmunderfeld	26	26	15	11	11
Essen Hbf	15	2	-	-	-
Hamm	19	32	29	28	32
Wanne E. H.	-	-	-	8	8
Wedau	25	25	31	34	34
Summe	**139**	**139**	**125**	**110**	**110**

Die am 1. Juli 1937 vorhandenen 110 Lok verteilten sich auf die Bw Dortmund Vbf (22), Dortmunderfeld (12), Hamm (29), Wanne Eickel Hbf (10) und Wedau (37). Weitere Gz-Lok der RBD Essen waren 119 G 7^1 (55^0), 273 G 8^1 (55^{25}) und 163 G 10 (57^{10}), wobei die G 7^1 namentlich auf den weit verzweigten Zechen- und Anschlussbahnen eingesetzt waren.

Schon Mitte 1941 war der Bestand kriegsbedingt verändert worden (21B 14 Füs vom 28.06.1941): Am Stichtag 26. Juni 1941 waren im Bezirk bereits 338 Mietlok von der SNCB/NMBS eingesetzt: Reihe 64 (P 8): 16, Reihe 81 (G 8^1): 172, Reihe 98 (T 16/T 16^1): 15 sowie 135 verschiedene 1'D der Pershing-Bauart aus Frankreich. Ferner hatten 31 Lok der Reihe 41 im Bw Hamm und 55 der Reihe 50 in den Bw Hamm, Osterfeld Süd und Wedau Einzug gehalten. Die noch vorhandenen 103 G 8^2 verteilten sich auf fünf Dienststellen: (Klammern: Planbedarf): Dortmund Vbf 7 (6), Dortmunderfeld 17 (16), Hamm 27 (8), Wanne Eickel Hbf 28 (18), Wedau 24 (12).

Die unvollständigen Nachträge zu den Ostabgabelok März und Juni 1942 nennen 28 bzw.32 Abgabelok; sie seien auch hier wiedergegeben, um einen Begriff von den hier beheimateten Lok zu geben:

Bw Bochum-Langendreer 14. März 1942
56 2150 2292 2304 2319 2391 2411 2417 2442 2467 2576 2678 2903

Bw Bochum-Langendreer 25. Juni 1942
56 2049 2190 2223 2347 2415 2611 2657 2666 2677 2732 2747

Bw Bochum Nord 25. Juni 1942
56 2444 2648 2746

Bw Dortmund Vbf 14. März 1942
56 2330 2412 2683

Bw Dortmund Vbf 25. Juni 1942
56 2330 2420 2577

Bw Dortmunderfeld 14. März 1942
56 2496 2430 2655 2660

Bw Dortmunderfeld 25. Juni 1942
56 2439 2440 2441

Bw Hamm 14. März 1942
56 2295 2431 2742 2840

Bw Hamm 26. Juni 1942
56 2349 2840

Bw Oberhausen West 14. März 1942
56 2413

Bw Oberhausen West 25. Juni 1942
56 2320 2432

Bw Osterfeld Süd 14. März 1942
56 2335

Bw Wanne-Eickel Hbf 14. März 1942
56 2424 2582 2738

Bild 74 – 56 2648 vom Bw Hamm auf der Ruhrbrücke in Mülheim (Ruhr). Im Hintergrund die Friedrich-Wilhelms-Hütte, heute zur Georgsmarienhütte-Holding gehörend.
AUFNAHME: CARL BELLINGRODT, SAMMLUNG JÖRG SAUTER

Bw Wanne-Eickel Hbf 25. Juni 1942
56 2331 2336 2341 2469 2581 2610 2731 2902
Bw Wedau 14. März 1942
56 2332

In der Heimat waren am Stichtag 25. Juni 1942 nur mehr acht Lok in den Bw Bochum-Langendreer (3), Wedau (2) sowie je eine in Dortmunderfeld, Oberhausen West und Wanne Eickel Hbf. Auch die Dienste der Reihe 56^{20} hatten die Mietlok der belg. G 8^1 (246!) und der französischen Pershing-Type (1'D-h2; 140 Lok) übernommen. Am 1. Februar 1944 waren wieder 46 auf acht Bw verteilt: Bochum-Langendreer (7), Emmerich (2), Essen-Kupferdreh (6), (Mülheim (Ruhr)-Styrum (7), Oberhausen West (7), Ruhrort Hafen (7), Wanne Eickel Hbf (4), Wedau (6), Sie spielten aber neben 285 nunmehr zugeteilten Einheitslok der Reihe 50 kaum mehr eine Rolle. Ende 1944 gab es weitere Zugänge, u.a. von der RBD Schwerin 56 2051, 2059, 2061, 2069, 2191, 2266, 2333, 2386, 2456, 2465, 2594 und 2740.

Reichsbahndirektion Frankfurt

Ab September 1921 bekam auch die ED Frankfurt G 8^2. Den Anfang machte Lok 5100 Cas (56 2200). Ein Bw ist nicht bekannt. Spätestens 1922 waren alle wieder abgegeben. Schon am 2. Mai 1922 verfügte das RVM (E III.31.D 9907): Dir. Frankfurt gibt die sechs (*noch*) vorhandenen G 8^2 an Dir. Cassel ab im Tausch gegen sechs T 16.

Reichsbahndirektion Halle

Im März 1921 erhielt die ED Halle mit 5030 Cas (56 2114) ihre erste G 8^2. Am 31. März 1924 waren es bereits 44 Lok, Ende 1925 110. Im November 1927 waren 80 Lok zugeteilt den Bw Cottbus (31), Falkenberg (Elster) (26), Lübbenau (3), Roßlau (Elbe) (9) und Senftenberg (11). Zuständiges RAW war Braunschweig. Falkenberg etwa fuhr 1928 Güterzüge nach Berlin Anhalter Gbf, Dobrilugk-Kirchhain, Dresden-Friedrichstadt, Eilenburg, Halle, Hoyerswerda und Leipzig-Wahren. Die zuletzt gelieferten Lok 56 2911-2916 wurden der Rbd Halle, Bw Cottbus, im September und Oktober 1928 neu zugewiesen.

Einen Überblick über die Beheimatungen 1930 und 1931 ergeben die Nachweisungen der Zwischenausbesserungen (34 Bla 27) in den RAW Braunschweig, Cottbus und Leipzig:

Oktober 1930
56 2342 Bw Falkenberg
2723 Bw Roßlau
November 1930
56 2122 Bw Senftenberg
2251 Bw Cottbus
2360 Bw Roßlau
2632 Bw Roßlau
2714 Bw Falkenberg
2784 Bw Cottbus
2799 Bw Cottbus
2854 Bw Lübbenau
Dezember 1930
56 2127 Bw Falkenberg
2211 Bw Falkenberg
2315 Bw Cottbus
2805 Bw Cottbus
Januar 1931
56 2125 Bw Lübbenau
2234 Bw Cottbus
2327 Bw Falkenberg
2345 Bw Falkenberg*
2357 Bw Roßlau
2630 Bw Cottbus
2635 Bw Falkenberg*
2672 Bw Cottbus
56 2713 Bw Falkenberg*
2715 Bw Cottbus
2724 Bw Falkenberg*
2799 Bw Falkenberg
2807 Bw Cottbus
2880 Bw Cottbus
2630 Bw Cottbus

* Durch Brand des Lokschuppens beschädigt (ebenso 94 416 und 94 449).

Februar 1931
56 2130 Bw Halle
2208 Bw Falkenberg
2211 Bw Falkenberg
2251 Bw Cottbus
2726 Bw Cottbus
2806 Bw Cottbus
2850 Bw Cottbus
März 1931
56 2209 Bw Roßlau
2288 Bw Falkenberg
2329 Bw Cottbus
2674 Bw Cottbus
2714 Bw Falkenberg
2804 Bw Cottbus
2912 Bw Cottbus

Bild 75 – Blick in die Richthalle des RAW Braunschweig im Jahr 1938. Man erkennt die unfallbeschädigte **56 2126** (Bw Falkenberg) mit vorne abgeschnittenem Rahmen; links davon am Kran der Kessel einer G 10. AUFNAHME: SAMMLUNG DR. THOMAS SAMEK

April 1931
56 2271 Bw Cottbus
2316 Bw Cottbus
2325 Bw Roßlau
2329 Bw Cottbus
2359 Bw Roßlau
2715 Bw Cottbus
2783 Bw Cottbus
2801 Bw Halle
2807 Bw Cottbus
2850 Bw Cottbus

Mai 1931
56 2132 Bw Roßlau
2251 Bw Cottbus
2631 Bw Cottbus
2723 Bw Roßlau
2881 Bw Senftenberg

Juni 1931
56 2234 Bw Cottbus
2321 Bw Falkenberg
2344 Bw Falkenberg
2357 Bw Roßlau
2360 Bw Roßlau
2633 Bw Roßlau
2716 Bw Cottbus
2882 Bw Senftenberg

Juli 1931
56 2124 Bw Halle
2132 Bw Roßlau
2672 Bw Cottbus
2912 Bw Cottbus

Der Bestand hielt sich konstant auf 113 Lok am 31. Dezember der Jahre 1932 bis 1934.

Am 25. Dezember 1933 (21 Bl 14 Ful) waren 110 Lok und die vier Kohlenstaub-Lok vorhanden.

Bw Bitterfeld (1)
56 2359

Bw Cottbus (17)
56 2116 2231 2232 2234 2252 2315 2329 2668 2800 2803 2805 2807 2879 2911 2912 2913 2914

Bw Engelsdorf (13)
56 2236 2316 2342 2630 2631 2672 2674 2715 2717 2775 2778 2783 2804

Bw Falkenberg (31)
56 2126 2127 2128 2129 2131 2184 2206 2207 2211 2288 2289 2290 2321 2322 2323 2324 2326 2327 2344 2345 2634 2635 2701 2702 2713 2714 2724 2789 2851 2852 2882

Bw Güsten (13)
56 2125 2233 2251 2271 2328 2343 2716 2726 2782 2784 2799 2806 2850

Bw Halle (15)
56 2114 2118 2122 2123 2124 2130* 2235 2725 2785 2801* 2802 2906* 2907* 2915 2916
* KS-Lok

Bw Köthen (6)
56 2208 2357 2358 2779 2853

Bw Lübbenau (5)
56 2115 2117 2317 2830 2883

Bw Roßlau (12)
56 2132 2209 2253 2325 2356 2360 2361 2632 2633 2722 2723 2854

Bw Senftenberg (1)
56 2882

Für Februar 1938 liegen einige dreifach besetzte Dienstpläne der 56^{20} der RBD Halle vor:

Bild 76
56 2288 als Wendelok des Bw Falkenberg noch mit Gasbeleuchtung im Jahre 1934 im Bw Leipzig-Wahren. Sie wurde in Duisburg-Wedau bereits 1950 abgestellt und schied 1954 aus.

AUFNAHME:
KARL JULIUS HARDER,
SAMMLUNG HANS-JÜRGEN WENZEL

Doberlug	Dpl. 01	4 Lok	27.564 km/Monat
Elsterwerda	Dpl. 2	8 Lok	46.494 km/Monat
Halle	Dpl. 16	6 Lok	39.420 km/Monat

Die 109 am 1. Oktober 1939 zugeteilten 56^{20} verteilten sich auf die Bw Bitterfeld (6), Cottbus (12), Doberlug (5; bis 1937: Dobrilugk), Elsterwerda (4), Falkenberg (Elster) (28), Güsten (16), Halle (S) (10), Köthen (5), Leipzig-Engelsdorf (2), Lübbenau (5), Oschersleben (Bode) (2), Rosslau (Elbe) (10) und Senftenberg (4). Senftenberg war inzwischen Heimat-Bw der Kohlenstaublok 56 2130, 2801, 2906 und 2907; sie taten hier Dienst neben den Kohlenstaublok der Reihe 58^{10}. Die Bedeutung der RBD Halle für den Güterverkehr mag verdeutlichen, dass am genannten Stichtag außer den G 8^2 111 G 8^1 (55^{25}), 52 G 10 (57^{10}) und 153 G 12 (58^{10}) vorhanden waren. Ferner hatte im Jahr 1939 die Lieferung der Neubaulok der Reihen 41 (Bw Engelsdorf, Falkenberg, Halle) und 50 (Bw Elsterwerda, Engelsdorf, Leipzig-Wahren) eingesetzt.

1940 geschah eine erhebliche Aufstockung des Bestandes, wohl als Ersatz für an Bulgarien und Rumänien vermietete G 10. Es trafen ein:

Von RBD Hannover im November 1940
56 2006 2007 2163 2179 2670 2720 2909
Von RBD Mainz im Oktober 1940
56 2009 2055 2302 2305 2462 2604 2606
Von RBD Mainz im November 1940
56 2008 2249 2307 2311 2600 2855 2859

Mit dem Überfall auf Russland verlangte der Betrieb mehr und mehr Lokomotiven auch aus dem Bezirk Halle; Ersatz folgte in Form belgischer und französischer Mietlok. Die Nachtragsliste der **Frontabgabelok** per 25. Juni 1942 nennt u.a. 96 Lok der Reihe 56^{20} als in den besetzten Osten abgegeben:

Bw Cottbus
56 2006 2116 2195 2235 2252 2305 2307 2329 2714 2733 2756 2802 2803 2879 2909 2912 2914 2916
Bw Doberlug
56 2630 2778 2783 2800
Bw Elsterwerda
56 2114 2117 2122 2316 2342 2825 2850 2882
Bw Falkenberg (Elster)
56 2126 2131 2184 2206 2207 2211 2288 2321 2324 2327 2343 2345 2606 2634 2635 2672 2674 2701 2713 2724 2780 2851 2852
Bw Güsten
56 2124 2125 2127 2179 2233 2236 2249 2251 2315 2323 2328 2716 2726 2782 2784 2799 2805 2806
Bw Halle
56 2163 2604 2785 2815
Bw Köthen
56 2208 2358 2779 2853
Bw Roßlau (Elbe)
56 2132 2209 2253 2297 2325 2360 2361 2633 2854
Bw Senftenberg
56 2055 2118 2231 2271 2670 2880 2881 2883

Zurück kamen u.a.:

15. März 1943	56 2850
13. April 1943	56 2606
20. April 1943	56 2207
30. Mai 1943	56 2879
1. Juni 1943	56 2118, 2328
2. Juni 1943	56 2117
5. Juni 1943	56 2854
Juli 1943	56 2006, 2288, 2327, 2358, 2783, 2825, 2882
Aug. 1943	56 2231, 2298, 2305, 2805
Sept. 1943	56 2114, 2297, 2321, 2383, 2784, 2880
Okt. 1943	56 2055, 2123, 2127, 2252, 2315, 2332, 2357, 2674, 2782, 2802
Nov. 1943	56 2179, 2211, 2800
Dez. 1943	56 2233, 2634, 2714

Nicht wenige mussten beim Rückzug in Russland verbleiben und wurden wegen „Kriegseinwirkung" abgesetzt, so gemäß RVM-Verfügungen 34 g/Bl 21:

März 1943	56 2007, 2208, 2720, 2722, 2726
30. Juli 1943	56 2195, 2324, 2350, 2778

Kaum eine dieser Verfügungen ist bekannt; der Lokhistoriker, der diese findet (nicht: erfindet!), erwirbt sich große Verdienste.

Am 30. Dezember 1943 waren noch 64 56^{20} im Osten eingesetzt. Zahlreiche Lok wurden aus dem Osten oder nach Rückkehr zur RBD Halle an andere RBD umgesetzt: bei der Lokerfassung vom 14. Juli 1945 waren noch sage und schreibe fünf 56^{20} im Bezirk Halle vorhanden.

Bild 77 – 56 2176 steht in den vierziger Jahren im ausgedehnten Güterbahnhof von Halle. Die Lok wurde 1942 von der RBD Kassel in den Osten abgegeben und trägt schon kriegsbedingte Blenden vor einer (!) Loklaterne. Sie endete 1970 bei der Rbd Erfurt. AUFNAHME: MAX ITTENBACH/RVM, SAMMLUNG DR. THOMAS SAMEK

Bild 78 – 56 2633 vom Bw Roßlau (Elbe) überquert am 1. Juli 1932 die Muldebrücke zwischen Dessau Hbf und Roßlau, noch heute ein beliebtes Fotomotiv. Die Lok schied 1960 beim Bw Rheydt aus. AUFNAHME: CARL BELLINGRODT, SAMMLUNG HANS-JÜRGEN WENZEL

Bild 79
56 2329 (Bw Cottbus) mit Güterzug ausfahrend in Cottbus. Sie rollte im Oktober 1945 von der RBD Magdeburg in ein „fernes Land" ab, wie Wolfgang Valtin zu sagen pflegte.

AUFNAHME: RBD HALLE, SAMMLUNG DR. BRIAN RAMPP

Reichsbahndirektion Hamburg (bis 1937: Rbd Altona)

Die Rbd Altona erhielt ab Anfang 1923 unsere G 8^2. Nach Wolfgang Hellmuth Busch wurden u.a. neu hierher geliefert, bis 56 2687 natürlich noch mit preußischen Betriebsnummern:

56 2607-2609 2684 2685 2687 2808-2814 2816 2817 2886,
2890 2891 2893-2895 2898 2904 2905

Die ab 56 2886 genannten wurden lt. den Zuteilungstelegrammen der Rbd Berlin geliefert, aber möglicherweise auch ab Werk umverfügt. Ende 1925 waren 36 G 8^2 im Bezirk, am 31. Dezember 1932, 15. Februar 1933 und 1. Oktober 1933 insgesamt 68 Lok. Eine uralte Liste vom 15. Februar 1933 nennt

Bw Harburg Hbf (14)
56 2198 2287 2608 2609 2656 2675 2684 2685 2686 2687
2808 2811 2884 2905
Bw Hamburg Ra (14)
56 2313 2551 2553 2554 2555 2556 2557 2559 2560 2561
2562 2563 2567 2569
Bw Wittenberge (40)
56 2001 2185 2186 2187 2199 2204 2205 2229 2230 2254
2255 2284 2285 2286 2579 2583 2607 2809 2810 2812
2813 2814 2815 2816 2817 2885 2886 2887 2888 2889
2890 2891 2892 2893 2894 2895 2896 2897 2898 2904

Wie auch in anderen Rbd waren auch hier zahlreiche G 8^1 (55^{25}: 108) und G 10 (57^{10}: 76) im Güterzugdienst tätig. Wittenberge jedenfalls verwendete die G 8^2 auch im Personenzugdienst, da das Bw im Jahre 1935 zumindest die auf 75 km/h zugelassenen Lok 56 2001, 2199, 2204, 2230, 2254, 2284, 2896 und 2905 besaß.

Mitte der dreißiger Jahre erschienen 56^{20} auch in den Bw Cuxhaven, Eidelstedt und Lüneburg. Der Bestand veränderte sich kaum: 1934 kamen 56 2415, 2428, 2663, 2667 von der Rbd Essen hinzu sowie 56 2077, 2094 von der Rbd Köln. Der Bestand am 31. Dezember 1935: 76 und am 31. Dezember 1940: 72 G 8^2. Ob letzterer Statistik zu trauen ist? Die RBD Hamburg gibt in einer anderen Liste den G 8^2-Bestand zu Jahresbeginn 1941 mit 52 an.

Am 1. April 1937 erließ die Reichsregierung das sog. Groß-Hamburg-Gesetz, das zum 1. April 1938 mit der Stadt Hamburg die Städte Altona (Elbe) und Wandsbek der Provinz Schleswig-Holstein sowie Harburg-Wilhelmsburg der Provinz Hannover vereinigte. Zugleich trat Hamburg kleinere Enklaven, darunter die Stadt Cuxhaven, an den preußischen Staat ab. Die Reichsbahndi-

Bild 80 – Am Einfahrtsignal vorbei rollt **56 2205** (Bw Wittenberge) im Jahre 1938 in den Bahnhof Friedrichsruh im Sachsenwald (Krs. Herzogtum Lauenburg) ein. Von der RVD Riga kehrte sie 1943 zur RBD Hamburg zurück und lief bis 1953 beim Bw Kiel.
AUFNAHME: WALTER HOLLNAGEL, SAMMLUNG EISENBAHNSTIFTUNG

Bild 81 – 56 2886 (Bw Hamburg-Eidelstedt) Ende der dreißiger Jahre im Bereich des Hannoverschen Bahnhofs in Hamburg. 56 2886 schied am 18. Januar 1945 als Kriegsverlust aus.
AUFNAHME: WALTER HOLLNAGEL, SAMMLUNG HANS-JÜRGEN EGGERSTEDT

rektion Altona verblieb an ihrem Stammsitz, firmierte allerdings schon ab 1. April 1937 als Reichsbahndirektion Hamburg (RVM 2 Ogdb vom 27. Februar 1937). Zahlreiche Ämter und Dienststellen der übernommenen Gebietsteile wechselten zum 15. Mai 1938 ihre Bezeichnungen; so wurden die Bw Eidelstedt, Harburg Hbf und Hamburg Ra umbenannt in Hamburg-Eidelstedt, Hamburg-Harburg und Hamburg-Rothenburgsort.

Auch hier liegen für Januar 1938 Angaben zu drei dreifach besetzten Dienstplänen vor:

Bw Hamburg-Eidelstedt		
Dpl. 1a	neun 56^{20} und eine 57^{10}	69.337 km/Monat
Hamburg-Harburg		
DPl. 12	neun 56^{20}	65.309 km/Monat
Hamburg-Rothenburgsort		
Dpl. 29	acht 56^{20}, eine 55^{25} und eine 91^{3}	81.576 km/Monat

Ab 7. Juli 1941 begannen die „Verleihungen“ der Lok auch der RBD Hamburg in den besetzten Osten; auch hier waren die G 8^{2} erst 1942

Bild 82
56 2237, damals lt. Betriebsbuch beim Bw Husum, am 17. April 1945 auf einer behelfsmäßig wieder hergestellten Brücke bei Meckelfeld: hinter der Lok der gedeckte Güterwagen Oppeln 8785. Die Lok mit noch zwei Strahlpumpen trägt die Anschrift „Allied Forces“. Sie schied am 18. Oktober 1954 beim Bw Lüneburg aus.

AUFNAHME: SAMMLUNG JÖRG SAUTER

Bild 83 – Die Wittenberger **56 2895** Ende der zwanziger Jahre im Sachsenwald im ehemaligen Herzogtum Lauenburg. Neu geliefert wurde sie allerdings 1924 an die Rbd Berlin. Viele der „alten“ Fotografen schrieben sich nie was auf. So kann man nur angeben: rechts der Posten 303 mit gerade noch erkennbarem mächtigen Läutewerk.
AUFNAHME: WERNER HUBERT, SAMMLUNG HANS-JÜRGEN WENZEL

dran. Bis August 1942 wurden „61 Lok R 38^{10}, 23 Lok R 50, 9 Lok R 55^{16}, 43 Lok R 55^{25}, 43 Lok R 56^{2}, 55 Lok R 56^{20}, 31 Lok R 57^{10}, 3 Lok 89^{70}, 49 Lok R 91^{3}, 17 Lok R 92^{5}, 10 Lok R 93^{0} und 1 Lok R 93^{5}“ abgegeben (Amtsdeutsch, „R“ = Reihe). Die G 8^{2}, von denen alleine 35 an die HBD Nord, später RVD Riga, abrollten, waren:

56 2001	Hmb-Harburg	18.01.1942	RVD Riga
2094	Hmb-Eidelstedt	29.01.1942	RVD Riga
2137	Hmb-Eidelstedt	19.02.1942	RVD Riga
2186	Hmb-Harburg	27.01.1942	RVD Riga
2198	Hmb-Harburg	07.03.1942	RVD Riga
2199	Hmb-Harburg	26.02.1942	RVD Riga
2204	Wittenberge	11.07.1942	Fekdo 3
2205	Wittenberge	29.01.1942	RVD Riga
2229	Hmb-Harburg	29.01.1942	RVD Riga
2230	Hmb-Harburg	03.03.1942	RVD Riga
2254	Hmb-Rothenburgsort	11.07.1942	Fekdo 3
2255	Wittenberge	12.01.1942	RVD Riga
2284	Cuxhaven	29.01.1942	RVD Riga
2287	Hmb-Harburg	29.01.1942	RVD Riga
2313	Hmb-Rothenburgsort	16.01.1942	RVD Minsk
2428	Hmb-Rothenburgsort	12.06.1942	RVD Riga
2551	Hmb-Harburg	02.06.1942	RVD Dnepr
2554	Hmb-Rothenburgsort	10.02.1942	RVD Riga
2555	Hmb-Rothenburgsort	29.01.1942	RVD Riga
2556	Hmb-Eidelstedt	25.02.1942	RVD Ost
2557	Hmb-Rothenburgsort	18.01.1942	RVD Riga
2558	Hmb-Rothenburgsort	27.01.1942	RVD Riga
2560	Hmb-Rothenburgsort	27.01.1942	RVD Riga
2561	Hmb-Rothenburgsort	12.06.1942	RVD Riga
2562	Hmb-Harburg	10.03.1942	RVD Minsk
2563	Hmb-Rothenburgsort	11.02.1942	RVD Riga
2567	Hmb-Harburg	06.03.1942	RVD Riga
2569	Hmb-Rothenburgsort	16.01.1942	RVD Minsk
56 2583	Hmb-Harburg	05.03.1942	RVD Riga
2607	Hmb-Harburg	18.01.1942	RVD Riga
2608	Hmb-Harburg	16.01.1942	RVD Minsk
2609	Wittenberge	10.01.1942	RVD Minsk
2663	Hmb-Eidelstedt	29.01.1942	RVD Riga
2675	Wittenberge	09.04.1942	RVD Ost
2677	Hmb-Rothenburgsort	29.01.1942	RVD Riga
2685	Hmb-Eidelstedt	18.01.1942	RVD Riga
2687	Hmb-Harburg	18.01.1942	RVD Riga
2808	Hmb-Eidelstedt	29.01.1942	RVD Riga
2809	Wittenberge	12.01.1942	RVD Riga
2810	Wittenberge	12.06.1942	RVD Riga
2811	Hmb-Harburg	29.01.1942	RVD Riga
2813	Hmb-Rothenburgsort	02.06.1942	RVD Minsk
2814	Lüneburg	29.01.1942	RVD Riga
2816	Wittenberge	16.01.1942	RVD Minsk
2817	Wittenberge	16.01.1942	RVD Minsk
2886	Hmb-Eidelstedt	18.01.1942	RVD Riga
2890	Wittenberge	16.01.1942	RVD Minsk
2891	Wittenberge	04.08.1942	Fekdo 5
2892	Wittenberge	02.06.1942	RVD Dnjepro
2893	Hmb-Rothenburgsort	11.07.1942	Fekdo 3
2894	Wittenberge	02.06.1942	RVD Dnjepro
2895	Wittenberge	12.01.1942	RVD Riga
2898	Wittenberge	10.01.1942	RVD Minsk
2904	Hmb-Harburg	02.06.1942	RVD Dnjepro
2905	Hmb-Harburg	28.02.1942	RVD Riga

Die Eintragungen sind nicht ganz korrekt, da erst im September 1942 die Haupteisenbahndirektionen (HBD) Nord, Mitte, Süd und Ost umbenannt wurden in Reichsverkehrsdirektionen Riga, Minsk, Kiew und Poltawa (später Dnjepropetrowsk). Eine RVD Ost gab es also nie. Aber wer hat schon Zeit, langweilige Amtsblätter zu lesen?

Bild 84
56 2554 um 1940 im Bereich ihres Heimat-Bw Hamburg-Rothenburgsort. Sie ging bei der RVD Riga verloren und wurde am 3. Juli 1943 als Kriegsverlust gestrichen.

AUFNAHME:
WALTER HOLLNAGEL,
SLG. HANS-JÜRGEN EGGERSTEDT

Bild 85
56 2567 (Bw Hamburg-Rothenburgsort) in den dreißiger Jahren noch mit Gasbeleuchtung im Raum Hamburg. Hinter dem Gepäckwagen drei Kühlwagen, sicher mit frischem Fisch. Die Lok verschlug es gegen Kriegsende als Ostrückführlok zur RBD Regensburg, wo sie 1950 aus den Listen gestrichen wurde.

AUFNAHME:
SAMMLUNG ANDREAS KNIPPING

Bild 86
56 2285, wiederum vom Bw Wittenberge, im Bw Hamburg-Rothenburgsort mit Doppelverbund-Luftpumpe Bauart Nielebock-Knorr. Ihre Ausmusterung erfolgte 1959 beim Bw Börßum.

AUFNAHME:
WERNER HUBERT,
SAMMLUNG HANS-JÜRGEN WENZEL

Bild 87 – 56 2816 (Bw Wittenberge) führt einen Güterzug bei Wittenberge, 3. Juli 1934. AUFNAHME: CARL BELLINGRODT/EK-VERLAG

„Abgesetzt" wurden als Ostverluste 56 2204, 2313, 2428, 2554 und 2893 (diese am 1. März 1943). Beginnend im März 1943 kehrten die 56^{20} aus dem Osten zurück, von ihnen aber nur 34 an die RBD Hamburg. Nur mehr 24 Lok waren am 10. April 1944 in Betrieb. Im Oktober 1944 waren immerhin wieder 42 zugeteilt den:

Bild 88 – „Heimwärts" ist diese Winteraufnahme der Halberstadter **56 2273** betitelt. Sie war bei der DB bis 1958 in Celle beheimatet. AUFNAHME: SAMMLUNG GÜNTER KRALL

Bw Cuxhaven (4)
56 2199 2229 2230 2811

Bw Hagenow Land (8)
56 2186 2254 2284 2557 2563 2677 2685 2808

Bw Hamburg-Eidelstedt (1)
56 2886 (im Osten)

Bw Hamburg-Harburg (4, davon 1 im Osten)
56 2593 2607 2608
56 2904 (im Osten)

Bw Husum (4)
56 2137 2237 2561 2895

Bw Kiel (3)
56 2560 2608 2813

Bw Wittenberge (18)
56 2201 2255 2551 2555 2562 2569 2609 2687 2809 2814
2817 2890 2891 2894 2898
56 2205 2810 2892 (im Osten)

Auch in dieser RBD lag aber die Hauptlast des Güterzugdienstes inzwischen auf der Reihe 50 mit 288 Exemplaren.

Reichsbahndirektionen Hannover und Magdeburg

Die lange Liste der $G\,8^2$ der Rbd Hannover eröffnete im April 1921 Lok 5049 Cas (56 2133). Bis Ende Dezember 1925 waren 87 $G\,8^2$ eingetroffen. Die erste amtliche Liste der Rbd Hannover – überhaupt eine der frühesten bekannten echten Bw-Zuteilungslisten der Reichsbahn – hat Karl Julius Harder übermittelt. Sie datiert vom 11. März 1930, als die Rbd Hannover über 81 Lok in fünf Bahnbetriebswerken verfügte:

Bw Bremen R (15)
56 2081 2086 2134 2136 2147 2151 2156 2161 2220 2227
2272 2275 2300 2377 2670

Bw Gütersloh (23)
56 2148 2153 2154 2159 2162 2164 2166 2224 2274 2296
2298 2299 2301 2590 2592 2750 2751 2752 2753 2754
2755 2818 2825

Bild 89 – 56 2151 (Bw Bremen Rbf) in den dreißiger Jahren an der Güterumgehungsbahn Hannover. Mit der Lupe ist zu erkennen, dass es 56 2151 und nicht 56 2551 ist. Sie verblieb der PKP als Tr6-26.
AUFNAHMEN (2): WERNER HUBERT, SAMMLUNG HANS-JÜRGEN WENZEL

Bw Lehrte (12)
56 2155 2163 2165 2168 2189 2194 2225 2237 2238 2819
2836 2838
Bw Löhne (13)
56 2297 2830 2831 2832 2833 2834 2835 2837 2841 2842
2843 2844 2845
Bw Seelze (18)
56 2221 2222 2226 2228 2282 2283 2376 2587 2588 2820
2821 2822 2823 2824 2826 2827 2828 2829

In dem ausgedehnten Bezirk waren im Güterzugdienst ferner 280 G 8^1 (55^{25}) und 165 G 10 tätig (57^{10}) tätig. Für den Berichtszeitraum 1928/29 werden für den Bezirk Hannover 27 Rahmenbrüche an den G 8^2-Lok erwähnt; Schleudern beim Anfahren wird als Ursache vermutet. Am 1. Oktober 1931 ging der Restbezirk der **Rbd Magdeburg** an die Rbd Hannover über und mit ihr 27 ausschließlich dem Bw Halberstadt zugeteilte G 8^2:

56 2152 2158 2179 2180 2181 2182 2183 2195 2196 2197
2273 2281 2719 2720 2721 2767 2757 2758 2759 2760
2761 2772 2773 2774 2908 2909 2910

Die späteren Lok 56 2179-2183 und 2195-2197 waren der ED Magdeburg im August 1921 neu zugeteilt worden. Im Dezember 1925 waren 24 G 8^2 vorhanden.

Der Bestand der Rbd Hannover blieb in etwa gleich: 111 Lok am 31. Dezember 1932 und 109 Lok am 31. Dezember 1940. In den dreißiger Jahren kamen als 56^{20}-Bw hinzu die Börßum, Hildesheim, Magdeburg-Buckau, Oebisfelde, Salzwedel, Stendal und

Bild 90 – 56 2163 (Bw Lehrte) in Hannover Hgbf. Im Hintergrund rechts das gleichnamige Bw, links die ausgedehnten Werkshallen der Firma Hanomag.

Bild 91 – Etwa gleichzeitig mit Bild 90 entstand die Aufnahme der **56 2829** (Bw Seelze). Sie wurde 1951 beim Bw Gütersloh ausgemustert.
AUFNAHME: WERNER HUBERT, SAMMLUNG HANS-JÜRGEN WENZEL

Uelzen. Beim Bw Halberstadt wurden übrigens 1937 Versuche an den Lok 56 2158, 2181, 2182, 2183, 2757 und 2909 durchgeführt. Gleiche Versuche fanden beim Bw Braunschweig mit Lok der Reihe 38^{10} und beim Bw Minden mit Lok der Reihe 57^{10} statt. Sie führten zu dem Ergebnis, dass die Vorwärmer-Umschalthähne fortan entfallen konnten.

Einige wenige Bw fuhren im Februar 1938 56^{20} in dreifach besetzten Plänen:

Bremen V	Dpl. 1	11 Lok	80.674 km/Monat
Gütersloh	Dpl. 1	5 Lok	38.875 km/Monat
Stendal	Dpl. 3	5 Lok	38.977 km/Monat

In den beiden sicher unvollständigen Nachtragslisten März und Juni 1942 sind insgesamt 32 bzw. 13 Ostabgabelok der Reihe 56^{20} der RBD Hannover aufgeführt von den Bw:

Börßum 14. März 1942
56 2224 2227 2377 2754 2761
Bremen Vbf 14. März1942
56 2010 2134
Gütersloh 14. März 1942
56 2148 2301
Halberstadt 14. März 1942
56 2182
Hildesheim 14. März 1942
56 2164 2436 2755 2844
Lehrte 14. März 1942
56 2225 2237 2238 2588 2832 2838 2845
Lehrte 25. Juni 1942
56 2046 2155 2197 2228 2283 2299 2824 2833 2835 2837
Magdeburg-Buckau 14. März 1942
56 2181 2221 2281 2390 2760
Oebisfelde 25. Juni 1942
56 2829
Salzwedel 25. Juni 1942
56 2161
Seelze 14. März 1942
56 2826 2830
Stendal 14. März 1942
56 2352
Stendal 25. Juni 1942
56 2300
Uelzen 14. März 1942
56 2147 2266 2614

Diese Aufstellung zeigt die große Zersplitterung der 56^{20}, die im Jahr 1930 auf nur noch fünf Dienststellen konzentriert war.

Und am 31. Oktober 1944 besaß die RBD Hannover 73 56^{20} in sechs Dienststellen. Etwa zwei Drittel der in den Osten versetzten 56^{20} waren zurück gekommen:

Bw Börßum (15)
56 2042 2046 2197 2227 2283 2300 2377 2587 2750 2758
2823 2828 2829 2841 2842
Bw Braunschweig Hbf (1; daneben 32 Lok R 50 und 7 Lok R 55^{25})
56 2222
Bw Goslar (4; daneben 20 Lok R 42)
56 2221 2238 2436 2838
Bw Halberstadt (24; daneben 12 Lok R 41, 22 Lok R 4, 8 Lok R 50)
56 2081 2086 2152 2153 2162 2165 2182 2194 2196 2275
2281 2296 2299 2390 2749 2752 2774 2818 2827 2830
2831 2844 2845 2910
Bw Herford (2; daneben 9 Lok R 42)
56 2225 2590
Bw Hildesheim (19; daneben 5 Lok R 42, 10 Lok R 44, 2 Lok R 50)
56 2134 2148 2155 2159 2161 2167 2183 2226 2274 2376
2715 2757 2761 2772 2773 2820 2826 2834 2836
Bw Nordstemmen (8)
56 2166 2168 2273 2721 2819 2837 2843 2908

Bild 92
56 2821 (Bw Seelze) im Raum Hannover. An der Lok steht noch das Abnahmedatum 11. Juni 1924. Sie ist also gerade drei Jahre alt, so dass die Aufnahme auf 1927 zu datieren ist. Die Lok verblieb bei der PKP als Tr6-19.

AUFNAHME: WERNER HUBERT, SAMMLUNG HANS-JÜRGEN WENZEL

Bild 93
56 2152 (Bw Halberstadt) erlitt in der Nacht vom 27. zum 28. Juni 1932 an der Blockstelle Bad Salzelmen nahe Schönebeck (Elbe) eine Flankenfahrt beim Umsetzen. Auf der Brücke im Hintergrund drängeln sich die Schaulustigen.

AUFNAHME: SAMMLUNG RALF SCHLÜTER

Verabschiedet hatten sie sich aus Bremen, Magdeburg und aus dem Raum Hannover (Lehrte, Seelze). Sieben weitere waren noch im Osten. 98, 41 bzw. 487 (!) Einheitslok der Reihen 42, 44 und 50 bildeten das Rückgrat des Güterverkehrs. Aber auch zahlreiche Mietlok standen noch im Bezirk, darunter 63 belg. und frz. G 8[1] sowie 131 verschiedene frz. 1'D-Lok der Pershing-Bauart.

Reichsbahndirektion Kassel (bis 1926: Rbd Cassel)

Im Dezember 1925 besaß die Rbd Kassel 108 G8[2]: 56 2002… 2687 noch mit Kasseler Betriebsnummern und 56 2688…2777 mit Reichsbahnnummern. Die erste war im Dezember 1920 die Lok 5371 Cas (56 2036). Beheimatungen sind nicht bekannt, außer für Lok 56 2753 (Bw Treysa). Nicht wenige Lok mit Kasseler Nummern waren in anderen Direktionen eingesetzt. Sehr rasch wurde dieser Bestand durch Abgabe an andere Direktionen halbiert. Zehn Kasseler G 8[2] verkaufte die Reichsbahn 1926 an Rumänien: 56 2169, 2264, 2354, 2564, 2565, 2566, 2570, 2690, 2703 und 2708. Die Jahre ab 1926 sahen auch die Abgabe zahlreicher Kasseler G 8[2] an andere Rbd:

Rbd Altona
1926	56 2284, 2287, 2685, 2687
1928	56 2562, 2563
1929	56 2551, 2553-2557, 2567, 2569

Rbd Breslau
1926	56 2170-2174, 2698-2700, 2705-2707, 2709- 2712

Rbd Oldenburg
1926	(1)
1929:	56 2688, 2689, 2776, 2777

Der Kasseler Bestand war offensichtlich überbesetzt, da im April 1929 23 56^{20} betriebsfähig abgestellt waren. Am 31. Dezember

Bild 94 – 56 2005 vom Bw Kassel Dreieck machte 1934 in Kassel-Rothenditmold einen unfreiwilligen Ausflug auf die Straße. Bei einer L 4 im RAW Nied (bis 13. Mai 1934) wurde der Schaden behoben. Die Lok schied 1954 beim Bw Gronau aus.
AUFNAHME: RVM, SAMMLUNG EISENBAHNSTIFTUNG

1926 belief er sich noch auf 69 Lok, und am 31. Dezember 1932 waren noch 54 Lok vorhanden.

Die Verteilung im März 1933 nennt 52 Lok in drei Dienststellen:

Bw Göttingen V (25)
56 2137 2200 2201 2240 2241 2242 2243 2244 2245 2246
2265 2270 2314 2355 2379 2380 2381 2382 2383 2385
2767 2768 2769 2770 2771
Bw Kassel Dreieck (12)
56 2002 2003 2004 2005 2175 2176 2177 2178 2552 2763
2765 2766
Bw Kreiensen (15)
56 2036 2037 2038 2039 2040 2188 2384 2691 2692 2693
2694 2695 2696 2697 2764

Die Güterzuglok dieser RBD war die G 12 (Reihe 58^{10}) mit 189 Lok mit nennenswerten Beständen in den Bw Göttingen V, Holzminden, Kassel Dreieck, Nordhausen, Northeim (Han), Ottbergen, Paderborn Hbf, Sangerhausen, Seesen, Soest, Treysa und Warburg (Westf).

Am 31. Dezember der Jahre 1935, 1938 und 1940 waren 34, 42 und 50 $G\,8^2$ vorhanden. Die Bw für den 1. Juli 1938 ergeben sich aus Betriebsbüchern bzw. dem leider verschollenen Lokbestandsbuch der RBD Kassel. Dieses konnte ich 1970 durch Vermittlung des damaligen Dez. 21, Prinz Schaumburg, ausleihen und auswerten, habe es aber wie versprochen trotz bevorstehender Auflösung der BD Kassel zurückgegeben; nun ist es verschollen und vermutlich im Altpapier geendet. Also: Zuteilung 1. Juli 1938:

Bw Göttingen G
56 2201 2241 2242 2244 2245 2270 2355 2379 2380 2381
2382 2383 2385 2769 2769 2770 2771
Bw Kassel
56 2002 2003 2004 2005 2175 2176 2177 2178 2763 2765
2766 2767

Bw Kreiensen
56 2037 2038 2039 2384 2568 2691 2692 2693 2694 2495
2696 2697 2764

Im zweiten Nachtrag der Frontabgabelok vom 25. Juni 1942 sind genannt:

Bw Eschwege West
56 2028 2039 2244 2263 2382 2768
Bw Göttingen G
56 2379 2380 2381 2383 2385 2459
Bw Kassel
56 2005
Bw Kreiensen
56 2692 2695
Bw Scherfede
56 2176 2178 2202 2597

Am 31. Dezember 1942 waren alle 50 56^{20}-Lok im besetzten Osten tätig. Die schon vorher abgegebene Lok 56 2270 wurde abgesetzt am 30. Juli 1943, da „in Feindes Hand".

Am 10. Juni 1944 waren 32 Lok eingesetzt in den Bw Kreiensen (17), Kassel (9), Treysa (4) und je eine in Göttingen G und Seesen, Die Hauptlast des Güterverkehrs lag bei den Reihen 44 (255) und 58^{10} (157). Am 31. Dezember 1944 waren wieder 42 Lok 56^{20} vorhanden, zuzüglich noch zwei „im Osten".

Reichsbahndirektion Köln

Auch für den Bezirk Köln sind ältere Unterlagen selten. Die erste $G\,8^2$ war im Dezember 1920 die Lok 5366 Cas (56 2031). Am 1. Oktober 1922 waren in der Direktion Köln 66 $G\,8^2$ mit Kasseler Betriebsnummern eingesetzt: 5001-5029, 5035-5037, 5366-5370, 5376-5399 und fünf mit Mainzer Nummern: 5356-5360 sowie übrigens die 15 $G\,8^3$ 5336-5350 Cas. Ob die zehn Lok 5701-5710 Cöln hier oder in einer anderen Direktion Dienst taten, ist nicht bekannt. Im Dezember 1925 besaß die Rbd Köln 67 $G\,8^2$-Lok.

Neun Lok waren im April 1929 betriebsfähig abgestellt. Meldungen aus 1930/1932 sind bekannt aus Betriebsbüchern und Sichtmeldungen.

Bw Rheydt
56 2074 2080 2086 2087 2089 2090 2109 2113 2120 2121
2262 2304 2459 2460
Bw Troisdorf
56 2056 2057 2058 2060 2062 2064 2065 2066 2067 2068
2071 2093 2095 2098 2100 2102 2103 2104 2106 2108
2111 2119

Es fällt auf, dass fast ausschließlich Lok mit niedrigen Betriebsnummern zugeteilt waren. Der Bestand der Rbd Köln belief sich auf 64 Lok am 31. Dezember 1932 und am 31. Oktober 1933 sowie auf 56 Lok am 31. Dezember der Jahre 1934 und 1935 sowie 54 am 31. Dezember 1940.

1932 wurde ein Bestand beim Bw Gremberg aufgebaut; diese Lok kamen von Troisdorf. Bekannt sind nur: 56 2056 (29.01.), 2057 (28.01.), 2058 (04.02.), 2087 (12.01.), 2089 (19.02.) und 2106.

Im Jahre 1934 entstand ein 56^{20}-Bestand beim Bw Koblenz-Lützel und zwar zu Lasten des Bw Rheydt das u.a. lt. Betriebsbüchern abgab: 56 2074 (22.04.), 2080 (15.04.), 2109 (25.04.), 2113 (18.4.), 2119 (13.04.), 2120 (22.03.), 2121 (18.01.), 2262 (20.04.), 2304 (05.03.) und 2460 (21.04.).

Ebenfalls 1934 gab die Rbd Köln sechs Lok an die Rbd Münster, Bw Osnabrück ab, bekannt sind 56 2060, 2065 und 2090.

Bild 95
56 2056 (Bw Gremberg) passiert am 24. März 1933 die Kölner Südbrücke aus Richtung Köln-Eifeltor. Nach einem Kriegseinsatz in Molodetschno kehrte sie zur RBD Köln zurück und blieb bis 1954 beim Bw Troisdorf im Einsatz.

AUFNAHME: CARL BELLINGRODT, SAMMLUNG HELMUT BRINKER

Am Stichtag 15. Mai 1938 beheimatete die RBD Köln insgesamt 55 56^{20} in den Bw Gremberg (15), Koblenz-Lützel (20) und Troisdorf (20) – mitgeteilt vom Dezernent M 21, Herrn Dipl.-Ing. Sperber. In den dreifach besetzten Dienstplänen waren im Januar 1938 in Gremberg zehn und in Troisdorf neun eingesetzt, die 57.237 bzw. 53.660 km/Monat zurücklegten. Wichtige Aufgabe war zusammen mit den 56^{20} des Bw Wedau (RBD Essen) und der Bw Mainz-Bischofsheim und Oberlahnstein (RBD Mainz) die Beförderung von Kohlezügen auf den Rheinstrecken, insbesondere rechtsrheinisch. Kohlenzüge rollten vom Ruhrrevier Richtung Süden und die entsprechenden Leerzüge (Lgo) Richtung Norden.

Aus den Jahren 1938 und 1939 ergeben sich aus Notizen von Dipl.-Ing. Sperber einige Bw-Angaben – nicht notwendigerweise gleichzeitig; diese Angaben müssen angesichts einer fehlenden RBD-Liste genügen.

Bw Gremberg
56 2056 2057 2058 2087 2089 2106
Bw Koblenz-Lützel
56 2074 2080 2109 2113 2119 2120 2121 2262 2304 2460
Bw Troisdorf
56 2067 2097 2098 2102 2103 2104 2108

Leihweise waren von September bis November 1938 56 2125, 2714 und 2916 von der RBD Halle hier, vermutlich Lokparkverstärkung für die Beförderung von Baumaterial zum sog. Westwall. Anfang der vierziger Jahre kamen angeblich 56^{20} zum Bw Koblenz-Mosel für den Einsatz auf der Moselstrecke nach Ehrang. Ein Eintrag dieses Bw für 1940/41 findet sich aber in keinem der bekannten Betriebsbücher.

Der erste Nachtrag zu den Ostabgabelok vom 14. März 1942 nennt 40 Lok, der zweite vom 25. Juni 1942 acht im Osten eingesetzte 56^{20}:

Bw Gremberg 14. März 1942
56 2031 2035 2056 2084 2085 2087 2089 2101 2106 2111 2303
Bw Gremberg 25. Juni 1942
56 2058 2095
Bw Koblenz-Lützel 14. März 1942
56 2074 2080 2082 2112 2119 2121 2262 2598
Bw Koblenz-Lützel 25. Juni 1942
56 2060 2076
Bw Koblenz-Mosel 14. März 1942
56 2033 2079 2193

Bild 96
Die „Gefolgschaft" des Bw Gremberg posierte an einem nicht mehr feststellbaren NS-Feiertag (vermutlich der 1. Mai) vor **56 2084** mit dem Spruch „Die Arbeit kein Fluch, sondern ein Segen". Auch diese Lok wurde bei der DB, ED Hannover, 1951 ausgemustert.

AUFNAHME: SAMMLUNG GÜNTER KRALL

Bild 97
Am 13. Januar 1935 fand die Saar-Abstimmung statt. Zahlreiche Sonderzüge verkehrten ins Saargebiet. In einem nicht mehr feststellbaren Bw warten die in Koblenz-Lützel beheimateten Lok **56 2120** und **56 2304** neben einer 58 wohl vom Bw Kaiserslautern.

AUFNAHME:
SAMMLUNG GÜNTER KRALL

Bw Köln-Kalk Nord 14. März 1942
56 2032 2066 2073 2083 2108
Bw Troisdorf 14. März 1942
56 2062 2063 2068 2093 2098 2100 2102 2103 2104 2105
2110 2111 2448 2684
Bw Troisdorf 25. Juni 1942
56 2067 2072 2079 2097

Die Übersicht der am 30. April 1944 eingesetzten Lok der RBD Köln ist fehlerhaft. Sie nennt keine 56^{20}, obwohl Betriebsbüchern zufolge jedenfalls Kölk-Kalk Nord (u.a. 56 2103, 2107, 2262) und Troisdorf (u.a. 56 2056, 2058, 2064, 2067, 2102, 2104, 2109, 2120) am Stichtag welche besaßen. Köln-Kalk Nord und Troisdorf besaßen dieser Tabelle zufolge 11 bzw. 13 56^{2-7} (so!) – möglicherweise verwechselt. 207 50er, 130 G 8^1-Mietlok und 125 Pershings trugen die Hauptlast des Güterverkehrs.

Ab Mai 1944 bekam auch das Bw **St. Vith** in Neubelgien 56^{20} wegen der Wiederaufnahme des Kohlenverkehrs ab Aachen über die Vennbahn. Bekannt sind vier Lok:

56 2058 11.05.-24.08.1944
2080 29.05.-19.08.1944
2098 31.05.-30.06.1944
2120 19.07.-16.08.1944

Möglicherweise waren es mehr. Vor Räumung des Bw wurden sie ostwärts ins Reich abgerollt; denn keine verblieb in Belgien.

Ende 1944 waren 56^{20} den Bw Bonn, Kreuzberg (Ahr) und Linz (Rhein) geteilt. Aber zu diesem Zeitpunkt war ein geordneter Betrieb schon lange nicht mehr möglich.

Reichsbahndirektion Mainz

Im Januar 1921 begann mit Lok 5701 Köl (55 2041) die Geschichte der G 8^2 in dieser Direktion. Mit dem Anwachsen des G 8^2-Bestandes wurden Ende 1922 die zugeteilten G 12 abgezogen. Auch aus anderen Direktionen wurde der Bestand aufgefüllt, so hieß es von der HV am 29. April 1924 (W.IV.31. Nr.2787): *R.B.D. Hannover gibt neun G 8^2-Lok tunlichst aus Lieferung 1922, die in letzter Zeit Allgemeine Ausbesserung erhalten haben und sich in bestem Betriebszustand befinden an R.B.D. Mainz in Darmstadt ab.* (Wir erinnern: Wegen der Einrichtung der Regiebahn befand sich die RBD Mainz von bis Oktober 1924 in Darmstadt.) Im Dezember 1925 und am Stichtag 31. Dezember 1932 waren der Rbd Mainz 113 bzw. 110 G 8^2 zugewiesen. Die bekannte Stationierungsliste ist nach Vergleich mit zahlreichen Betriebsbuchauszügen nicht nur wegen der 56^{20} auf Oktober 1930 zu datieren. Drei Bw beheimateten unsere Lok, wobei Bischofsheim einsamer Rekordhalter der Reichsbahn mit 64 Lok ist. Übrigens war Mainz-Bischofsheim auch später noch ein Rekord-Bw: Am 30. Juni 1950 waren hier 68 Lok der Reihe 50 beheimatet oder am 27. Mai 1966 104 Lok der Reihe E 40 (neu 140):

Bw Bingerbrück (19)
56 2051 2078 2203 2212 2216 2248 2261 2268 2269 2302
2306 2307 2309 2312 2363 2369 2452 2453 2455
Bw Bischofsheim (ab 1931 Mainz-Bischofsheim; 64)
56 2006 2007 2008 2010 2034 2041 2042 2048 2050 2052
2053 2055 2069 2107 2139 2140 2141 2144 2145 2146
2202 2213 2217 2247 2249 2250 2256 2257 2258 2259
2266 2267 2308 2310 2311 2372 2373 2374 2378 2449
2450 2454 2456 2457 2458 2461 2462 2463 2464 2597
2599 2600 2601 2602 2603 2604 2605 2606 2855 2856
2858 2859 2860 2862
Bw Oberlahnstein (30)
56 2009 2043 2044 2045 2046 2047 2049 2054 2059 2061
2088 2096 2138 2142 2143 2214 2215 2218 2260 2263
2305 2367 2368 2370 2371 2375 2596 2857 2861 2863

Da keine 57^{10} und keine 58^{10} (mehr) zugeteilt waren, lag das Schwergewicht des Güterverkehrs neben der 56^{20} auf den insgesamt 96 G 8^1 (Reihe 55^{25}) der Bw Alzey, Bingerbrück, Kranichstein (1937: Darmstadt-Kranichstein), Mainz und Worms.

Durch Abgaben sank der Bestand auf 101 am 1. Oktober 1933 und auf 85 am 31. Dezember 1934 bzw. 31. Dezember 1935.

Von den Abgaben des Jahres 1933 sind bekannt: an Rbd Oppeln 56 2043, 2047, 2053, 2054, 2138, 2247 und 2267 sowie an Rbd Schwerin 56 2059 und 2140. Die Abgaben des Jahres 1934 sind alle bekannt: an Rbd Hannover 56 2010, 2040 und 2041 sowie an Rbd Schwerin 56 2045, 2051, 2061, 2088, 2257, 2266, 2373 und 2450.

Im Dezember 1936 waren ebenfalls nur die Bw Bingerbrück (19), Mainz-Bischofsheim (43) und Oberlahnstein (23) mit 56^{20} bestückt; 36 Umbau-G 8^1 (Reihe 56^2) hatten in der Rbd Mainz Einzug gehalten (Alzey, Bingerbrück, Kranichstein, Worms). Im Januar 1938 legten die Oberlahnsteiner 56^{20} in den Dienstplänen

Bild 98
56 2047 (Bw Oberlahnstein) strebt vor dem vom nassauischen Baumeister Moritz Hilf erbauten Rüdesheimer Bahnhof südwärts. Die Schranke ist noch heute ein „Hindernis“ für den Straßenverkehr auf der Bundesstraße 42. Die Aufnahme entstand vor September 1933, denn zu diesem Zeitpunkt wurde die Lok zur Rbd Oppeln versetzt. Sie schied kriegsbeschädigt 1947 beim Bw Kaiserslautern aus.

Aufnahme:
Carl Bellingrodt,
Sammlung Hans-Jürgen Wenzel

Bild 99
56 2863 (Bw Oberlahnstein) am 10. Mai 1932 in Kaub. Links das Kauber Wahrzeichen, der „Dicke Turm“, oben die Burg Gutenfels. Erstaunlich der „lebhafte“ Verkehr auf der Reichsstraße 42 (heute B 42). Die Lok wurde 1962 beim Bw Rheydt ausgemustert.

Aufnahme:
Carl Bellingrodt,
Sammlung Helmut Brinker

Bild 100
56 2008 (Bw Mainz-Bischofsheim) am 29. Mai 1931 an der Filser Ley auf der rechten Rheinstreckc gegenüber Boppard. Das letzte Bw der Lok war im Jahr 1950 Oberhausen-West.

Aufnahme:
Carl Bellingrodt,
Sammlung Eisenbahnstiftung

Bild 101
56 2138 (Bw Oberlahnstein) ist um 1930 zwischen Oberwesel und Bacharach offensichtlich mit einem Sonderzug unterwegs. Sie kam mit mehreren Mainzern 1933 zur Rbd Oppeln, endete aber erst 1954 beim Bw Neustadt (Weinstr).

AUFNAHME:
HERMANN MAEY,
SAMMLUNG HANS-JÜRGEN WENZEL

Bild 102
56 2309 (Bw Oberlahnstein) passiert 1931 die Blockstelle 134 bei Oberwesel mit schöner Abläuteglocke. Diese landschaftstypischen Blockstellengebäude an der linken Rheinstrecke sind bis auf eine oder zwei Ausnahmen verschwunden, ebenso wie 56 2309, diese aber in den Weiten Russlands.

AUFNAHME:
CARL BELLINGRODT/EK-VERLAG

Bild 103
56 2202 strebt 1937 an der Bacharacher Stadtmauer vorbei den Bahnhof von Bacharach an, wo sie, wie die zwei Flügel des Hauptsignals anzeigen, auf das Überholgleis muss. Mit der Lupe erkennt man, dass dies nicht 56 2232 ist, wie Bellingrodt schreibt. 56 2202 verblieb als Tr6-8 bei der PKP.

AUFNAHME:
CARL BELLINGRODT,
SAMMLUNG HELMUT GRIEBL

Bild 104
Die Oberlahnsteiner **56 2370** als Leerfahrt in Kaub. Zwischen dem Ort und der ehemaligen Zollburg Pfalzgrafenstein („Die Pfalz") ein Schleppzug im „Kauber Wasser". Halb rechts das Blücherdenkmal, das an die Rheinüberquerung in der Neujahrsnacht 1814 erinnert. 56 2370 schied am 18. Oktober 1959 beim Bw Neustadt (Weinstr) aus.

Aufnahme: Carl Bellingrodt, Sammlung Hans-Jürgen Wenzel

41 und 42 (je 8 Lok) 84 835 bzw. 81 340 km/Monat zurück. Niemand beschwerte sich über den Bahnlärm im Rheintal, war die Eisenbahn doch einer der größten Arbeitgeber (in Oberlahnstein damals: etwa 1.500 Arbeitskräfte, heute: Null). Heute wird sie nur mehr als anonyme Lärmverursacherin und Arbeitsplatzvernichterin mit dem Signet „Verspätungen" wahrgenommen.

85 56^{20} verteilten sich am 1. Januar 1940 21 M 3 Bla) auf ihre angestammten Bw Bingerbrück (10), Mainz-Bischofsheim (46) und Oberlahnstein (29). Erhaltungswerk war das RAW Nied:

Bw Bingerbrück (10)
56 2107 2202 2203 2216 2268 2269 2307 2309 2453 2455

Mainz-Bischofsheim (46)
56 2034 2048 2050 2052 2055 2078 2139 2141 2144 2145
2212 2213 2215 2217 2248 2249 2256 2258 2259 2302
2310 2311 2312 2372 2374 2378 2449 2454 2457 2458
2461 2463 2464 2597 2599 2600 2601 2603 2604 2605
2606 2855 2856 2859 2860 2861

Bw Oberlahnstein (29)
56 2008 2009 2044 2046 2049 2142 2146 2214 2218 2260
2261 2263 2305 2306 2308 2363 2367 2368 2369 2370
2371 2375 2452 2462 2596 2857 2858 2861 2863

56 2857 ist in der amtl. Liste bei Mainz-Bm und Oberlahnstein aufgeführt, Ich habe sie Oberlahnstein zugeordnet, da die RBD 46 für Mainz-Bm und 29 für Oberlahnstein angibt.

Nur zaghaft hielten die Einheits-Güterzuglok Einzug. Beheimatet waren am Stichtag sechs 41er in Oberlahnstein, neun 44er in Landau und zwölf 50er in Mainz-Bischofsheim. 1940 kam Bewegung in den G 8^2-Bestand durch die Zuteilung weiterer 50er. Es wurden abgegeben:

an RBD Halle
56 2008 2009 2055 2249 2302 2305 2307 2311 2462 2600
2604 2606 2855 2859

an RBD Kassel
56 2146 2202 2263 2268 2269 2597

Ferner rollten u.a. 1940 zur RBD Breslau 56 2256, 2453 sowie 1941 zur RBD Essen 56 2215, 2312 und zur RBD Hannover 56 2858.

Ende 1940 waren noch 55 Lok R 56^{20} hier beheimatet. Ab Ende 1941 gelangten auch die 56^{20} in den Osteinsatz; im 2. Nachtrag der Ostabgabelok von 25. Juni 1942 stehen nur noch 19 Lok 56^{20}:

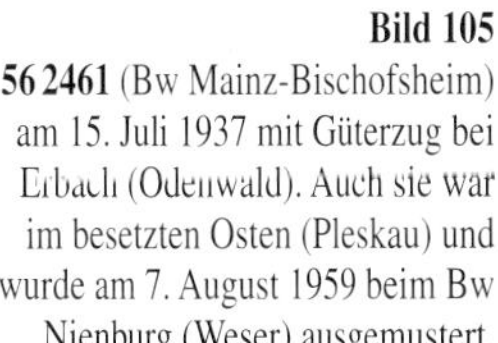

Bild 105
56 2461 (Bw Mainz-Bischofsheim) am 15. Juli 1937 mit Güterzug bei Erbach (Odenwald). Auch sie war im besetzten Osten (Pleskau) und wurde am 7. August 1959 beim Bw Nienburg (Weser) ausgemustert.

Aufnahme: Carl Bellingrodt, Sammlung Eisenbahnstiftung

Bild 106
56 2141 (5057 Cassel) wurde neu im April 1921 an die Rbd Mainz geliefert und gehörte lange zum Bw Bischofsheim (ab 1931: Mainz-Bischofsheim). Sie endete wie so viele beim Bw Rheydt und wurde am 2. November 1961 aus dem Bestand gestrichen.

AUFNAHME:
HERMANN MAEY,
SAMMLUNG HELMUT GRIEBL

Bild 107
56 2250 kam als 5114 Cassel aus Neulieferung zur Rbd Mainz und zählte ebenfalls zu den über 60 56^{20} des Bw Bischofsheim. Die Aufnahme entstand beim Indizieren der Lok nach einer Ausbesserung.

AUFNAHME:
SAMMLUNG HELMUT GRIEBL

Bw Bingerbrück
56 2203
Bw Darmstadt-Kranichstein
56 2142 2452 2599 2856 2860 2862
Bw Mainz-Bischofsheim
56 2145 2218 2258 2260 2368 2378 2449 2455 2457 2464 2603 2863

Für den Stichtag 26. März 1944 liegt eine Stückzahlenübersicht „Lokbestände" vor. In der Heimat in Betrieb waren nur mehr 24 meist aufs „Land" ausgewanderte 56^{20}: acht im Bw Neustadt (Weinstr), fünf in Mainz, je vier in Darmstadt-Kranichstein und Wiesbaden sowie drei in Alzey. 74 44er und 119 50er spielten im Güterzugdienst die Hauptrolle, nicht zu vergessen auch die 211 Mietlok aus Belgien und Frankreich, darunter alleine 115 1'D-Lok der Bauart „Pershing". Die einstige 56^{20}-Hochburg Mainz-Bischofsheim besaß keine mehr; sie setzte 31 Lok der Reihe 44, zehn der Reihe 50, zwölf französische 1'D und drei T 14-Mietlok ein.

Reichsbahndirektionen Münster (Westf) und Oldenburg

Ältere Lokzuteilungslisten sind nicht bekannt. Am 31. März 1924 und auch am Stichtag 31. Dezember 1933 waren hier noch keine G 8^2 vorhanden. Ab 1930 begann die Zuweisung von G 8^3 (siehe besonderes Kapitel), ab 1933 von G 8^2. Am Jahresende 1933 waren es 14, am Jahresende 1934 bereits 32 G 8^2. Die 14 Zugänge des Jahres 1933 kamen von der Rbd Essen, die im Mai u.a. zum Bw Kirchweyhe Lok 56 2149, 2410, 2421, 2441, 2465, 2466, 2473 und 2740 überwies sowie an nicht bekannte Bw 56 2407, 2426, 2574, 2769 und 2846. Im Jahr 1934 kamen zum Bw Osnabrück Hbf von der Rbd Essen acht, u.a. 56 2338, 2427 und 2651, von der Rbd Kassel sechs, u.a. 56 2200 und 2265, und von der Rbd Köln ebenfalls sechs, u.a. 56 2060, 2065, 2090, sowie ferner 56 2092 vermutlich ebenfalls nach Osnabrück Hbf. So war der Bestand bis Ende 1934 auf 32 Lok gestiegen. Lok 56 2468 trug noch 1935 das Schild Bw Osnabrück Br., obwohl der Bw Name um 1930 in Osnabrück Hbf geändert worden war.

Bild 108
56 2259 (Bw Mainz-Bischofsheim) mit einem Güterzug südlich von Osterspai zwischen Oberlahnstein und Wiesbaden auf der rechten Rheinstrecke. Zwei der drei Güterzug-Gepäckwagen wurden sicherlich leer zum Heimatbahnhof überführt, um eine Lpaz zu sparen. Ihr letztes Bw bis 1954 war Neustadt (Weinstr).

AUFNAHME:
CARL BELLINGRODT/EK-VERLAG

Bild 109
Eine G 8^2 im September 1934 mit zeitgenössischem „Schmuck" vor einem Sonderzug bei Heigenbrücken zum Reichsparteitag in Nürnberg (4. bis 10. September 1934). Die von Bellingrodt angegebene Betriebsnummer 56 2059 trifft nicht zu, da diese im Bw Güstrow beheimatet war. In Frage kommen eine G 8^2 der Rbd Kassel oder Mainz.

AUFNAHME:
CARL BELLINGRODT/EK-VERLAG

Am 1. Januar 1935 übernahm die Rbd Münster Strecken und Dienststellen der Rbd Oldenburg mit 36 in den Bw Delmenhorst und Oldenburg Vbf beheimateten Lok der Reihe 56^{20}.

Bw Delmenhorst
56 2586 2594 2612 2613
Bw Oldenburg Vbf
56 2190 2191 2192 2193 2276 2277 2278 2279 2318 2333
2339 2350 2386 2387 2388 2389 2391 2405 2409 2652
2688 2689 2762 2776 2777
Bw nicht bekannt:
56 2167 2280 2593 2595 2615 2616 2676

Außer den „Oldenburger" G 8^2 waren ab November 1922 auch weitere Lok mit preußischen Nummern zugewiesen worden.

So belief sich der Bestand Ende 1934 und Ende 1935 auf je 70 unserer Lok. Im Dezember 1936 verfügte die Rbd Münster über 69 56^{20}, von denen die Beheimatung in den Bw Delmenhorst (4), Kirchweyhe (13), Oldenburg Vbf (23), Osnabrück Hbf (9) und Osnabrück Vbf (8) bekannt ist. Daneben waren für den Güterverkehr von Bedeutung 27 55^{23}, 68 55^{25}, 39 56^{1} und 101 57^{10}.

Die dreifach besetzten 56^{20}-Dienstpläne des Januar 1938:

Kirchweyhe	Dpl. 1	8 Lok	52.020 km/Monat
Kirchweyhe	Dpl. 2	8 Lok	51.048 km/Monat
Old. Gbf	Dpl. 1	12 Lok	70.964 km/Monat
Osn. Gbf	Dpl. 3	6 Lok	38.586 km/Monat
Osn. Hbf	Dpl. 5	12 Lok	70.052 km/Monat

Ab 1940 waren 56^{20} auch im Bw Rahden (Krs Lübbecke) beheimatet.

Zehn wurden im Jahre 1940 an die Rbd Schwerin abgegeben. Durch Abgaben an andere Rbd sank der Bestand bis Ende 1941 auf 50 Lok 56^{20}, ehe ab Januar 1942 auch diese Reihe bei den Abgaben in den besetzten Osten dabei war. So wurden alleine im Januar 1942 29 Lok in den Osten verliehen.

Bild 110
56 2386 (Bw Oldenburg Vbf) wird nach einem Unfall in Oldenburg von einem Eisenbahndrehkran gehoben. Die Lok wurde wieder aufgebaut und war noch bis zur Abstellung 1951 in Oberhausen Hbf in Dienst.

AUFNAHME:
SAMMLUNG HELMUT GRIEBL

Französische und belgische Mietlok ersetzten auch hier die Ostabgaben, so im Dezember 1942 alleine 225, davon 109 Pershing-1'D-Güterzuglok. Nach einer Aufstellung vom 31. August 1943 waren 36 von 45 56^{20} im Osten eingesetzt, im Februar 1944 26 von 42.

Die Ostlok-Abgaben sind bekannt. Die genannten Orte werden als „Empfangs-Bw oder -Bf“ bezeichnet und stellen nicht unbedingt die tatsächliche Beheimatung im Osten dar:

Januar 1942
RBD Königsberg, Heilsberg
56 2427 2776 2900
OBD Krakau, Warschau West
56 2277 2279 2762
HBD Mitte, Baranowicze
56 2167 2350 2552 2651 2846
HBD Mitte, Minsk
56 2071 2652 2776
HBD Nord, Riga
56 2060 2070 2092 2192 2387 2405 2407 2466 2676 2688 2689 2736
HBD Süd, Zdolbunow
56 2389 2409 2410
Februar 1942
RBD Königsberg, Allenstein
56 2473
FBD 3, Tschaplino
56 2612 2613
HBD Mitte, Minsk
56 2065
HBD Nord, Übergabe-Bw Eydtkau
56 2200 2240 2426 2735 2899
HBD Süd, Zdolbunow
56 2441
März 1942
HBD Mitte, Minsk
56 2265 2421
April 1942
HBD Süd, Zdolbunow
56 2149
Fbd 1, Pleskau
56 2574
Fbd 4, Pleskau
56 2338
Juli 1942
HBD Süd, Bw Lgow
56 2616
November 1942, ohne Ortsangabe
56 2762

Am 31. Dezember 1943 waren von 44 56^{20} noch 27 im Osten. Am 1. April 1944 standen der Heimat 25 zur Verfügung, die alle außer einer Lok im Bw Rahden im Bw Oldenburg Vbf im Einsatz standen. 52 41er und 132 50er bildeten das Rückgrat des Güterverkehrs.

Nicht alle Ostlok kamen 1944 an die RBD Münster zurück, sondern:

an RBD Breslau	56 2277	2350	
an RBD Dresden	56 2776		
an RBD Essen	56 2192		
an RBD Halle	56 2409	2407	
an RBD Hannover	56 2149	2616	2777
an RBD Mainz	56 2410		
an RBD Osten	56 2899		
an RBD Posen	56 2441		
an RBD Regensburg	56 2900		

Dagegen liefen der RBD Münster 1944 Ostlok anderer RBD zu:

von RBD Halle	56 2670		
von RBD Hannover	56 2156	2181	2754
von RBD Oppeln	56 2815		

Abgesetzt wurden am 15. März 1943 als Ostverlust 56 2060 und 2651 sowie am 13. September 1943 56 2279.

Der letzte erstellte St 10a vom 28. Februar 1945 schließlich nennt 35 56^{20}, davon 23 im Einsatz und drei Schadrückführlok.

Reichsbahndirektion Oppeln

Auch hier fehlen amtliche Bw-Zuteilungslisten. Am 31. März 1921 besaß die Vorläufer-Direktion Kattowitz zehn G 8^2: 5901-5910 Kat (spätere 56 2011-2020). Diese und eventuell weitere kamen 1922 zur Rbd Oppeln, die aus dem Teil Oberschlesiens gebildet wurde, der bei Deutschland verbliebenen war. Am 31. Dezem-

Bild 111
Im RAW Schwerte (Ruhr) steht **56 2410** nach der Hauptuntersuchung vom 14. September 1927 fertig zur Abholung durch eine Lokmannschaft ihres Heimat-Bw Dortmund Vbf. Die Lok stand bei Kriegsende beschädigt in Posen und wurde ohne neue PKP-Nummer ausgemustert.

AUFNAHME: SAMMLUNG JOHANNES GLÖCKNER, SAMMLUNG EISENBAHNSTIFTUNG

ber 1925 standen zur Verfügung 13 G 7[1] (55^{0}), 112 G 8[1] (55^{25}), 26 G8[2] (56^{20}) und 38 G 10 (57^{10}). 1933 kamen alleine von der Rbd Mainz Lok 56 2043, 2047, 2053, 2054, 2138, 2247 und 2267.

Im Mai 1936 waren 124 56^{20} der Rbd Breslau und Oppeln beim RAW Oels werkstättenpflichtig. Eine Zuordnung der Nummern auf beide Rbd enthält die von Friedrich Schadow übermittelte Liste nicht.

Aus den Jahren 1933/1938 sind Beheimatungen bekannt bei den:

Bw Gleiwitz
56 2011 2013 2364 2394 2397 2398 2399

Bw Kandrzin (ab April 1934: Heydebreck O.S)
56 2002 2043

Bw Peiskretscham
56 2188

Verstärkt wurde der Bestand durch Lok anderer RBD, so im November 1938 durch 56 2232, 2356 und 2804 von der RBD Halle. Aus der Zeit 1940/42 sind zu nennen beim Bw Heydebreck 56 2188, beim Bw Gleiwitz 56 2057, 2896, beim Bw Kattowitz 56 2814 und beim Bw Oppeln 56 2656, 2676, 2887 und 2888.

Gleiwitz setzte in den Dienstplänen 16 und 17 im Januar 1938 je zehn Lok ein, Peiskretscham im DPl. 51 zwölf Lok. Die Mo-

Bild 112
56 2192 mit durchbohrten Gegengewichten vom Bw Oldenburg Vbf steht abfahrbereit im niederländischen Grenzbahnhof Nieuwe Schans in Richtung Weener/Deutschland. Letztes Bw war 1952 Dortmund Vbf.

AUFNAHME: KNUT HEUSINKVELD, SAMMLUNG HANS-JÜRGEN WENZEL

Bild 113 – Lange war **56 2656** beim Bw Wittenberge beheimatet, ehe sie im Januar 1941 zur RBD Oppeln, Bw Oppeln, versetzt wurde. Die Aufnahme entstand vermutlich noch in Wittenberge. Die Lok war zuletzt bis 1953 beim Bw Kleve eingesetzt. AUFNAHME: SAMMLUNG HELMUT GRIEBL

natsleistungen von 68.110 km, 57.680 km bzw. 106.332 km (!) lassen auf Streckendienst und nicht auf den ausschließlichen Einsatz vor Übergabefahrten von/nach den Zechen schließen.

Im zweiten Nachtrag zur Ostabgabeliste vom 14. März 1942 stehen 42, in dem vom 25. Juni 1942 zwölf 56^{20} der Bw Beuthen, Gleiwitz, Heydebreck, Oderberg und Schoppinitz**.** Sie gibt einen guten Überblick über die Oppelner Beheimatungen (zum Vergleich: 31. Dezember 1940: 52 Lok Reihe 56^{20}).

Bw Gleiwitz 14. März 1942
56 2012 2016 2017 2019 2020 2053 2969 2250 2290 2326
2344 2364 2366 2373 2394 2403 2404 2576 2559 2804
2887 2888 2897 2913
Bw Gleiwitz 25. Juni 1942
56 2213 2339 2362 2393 2889
Bw Heydebreck 14. März 1942
56 2002 2043 2047 2136 2138 2143 2180 2188 2243 2247
2267 2365 2665
Bw Heydebreck 25. Juni 1942
56 2054 2285
Bw Oderberg 25. Juni 1962
56 2553
Bw Schoppinitz 13. März 1942
56 2311 2600 2686 2807 2885
Bw Schoppinitz 25. Juni 1942
56 2008 2185 2656 2815

Über 400 Einheitslok der Reihe 50 und 102 französische 1'D-Pershings (Juni 1943) dominierten im Güterzugdienst.

Im September 1944 waren von den Ostlok bislang nur 17 zurückgekommen. Auf einem Militärtransport von Kröpelin (Mecklenburg) nach Beuthen O.S. und zurück nach Görlitz notierte Werner Umlauft nur vier 56^{20}:

56 2626 Rangierlok im Bf Brieg
56 2727 Rangierlok im Bw Liegnitz
56 2745 vor Güterzug in Brieg aus Richtung Oppeln
56 2855 in Beuthen vor Leig

Im Dezember 1944 notierte Werner Umlauft beim Rückzug in Oberschlesien Dezember 1944 vom Bw Heydebreck 56 2019, 2077, 2113, 2228, 2290, 2626, 2745, 2855. An dieser Stelle einmal meine Hochachtung für Werner: Seine Notizen hat er nicht nur durch den Krieg gerettet, sondern auch bei der Vertreibung aus seiner sudetenländischen Heimatstadt Komotau (Chomutov) im Jahre 1946.

Heutige Namen:

Beuthen	Bytom	Oderberg	Bohumín
Gleiwitz	Gliwice	Oppeln	Opole
Kattowitz	Katowice	Peiskretscham	Pyskowice
Myslowitz	Mysłowice	Schoppinitz	Szopienice

Reichsbahndirektion Osten

Im Januar 1924 wurden der Rbd Osten 56 2867 bis 2878 zugewiesen, erscheinen jedoch alsbald bei der Rbd Breslau. Vielleicht wurde auch die Zuweisungsverfügung geändert. Jedenfalls besaß die Rbd Osten im Dezember 1925 keine $G\,8^2$ mehr.

Reichsbahndirektion Schwerin (Meckl.)

Diese Rbd bekam keine $G\,8^2$ aus Neuzuteilung. Der kleine Bestand wurde ab 1932 aufgebaut und wuchs nur langsam von drei am Stichtag 31. Dezember 1932 auf 15 am 31. Dezember der Jahre 1934, 1935 und 1936. Diese 15 Lok waren alle 1932 (3), 1933 (6) und 1934 (6) von der Rbd Mainz übernommen worden. Am 1. April 1936 waren sie den Bw Güstrow (7), Rostock (2) und Schwerin (6) zugeteilt:

56 2045 2051 2059 2061 2069 2088 2096 2140 2250 2257
2266 2373 2450 2456 2602

Mit Übernahme der Lübeck-Büchener Eisenbahn zum 1. Januar 1938 kamen die acht Lok 56 3001-3008 beim Bw Lübeck hinzu (siehe besonderes Kapitel).

Im Jahr 1940 gab es einen weiteren Zuwachs: Elf Lok trafen von der RBD Münster ein:

56 2090 2191 2386 2465 2586 2594 2595 2615 2679 2740 2745

Die Verteilung der am 31. Dezember 1940 beheimateten Lok:

Bw Güstrow
56 2051 2059 2061 2266 2456 2465 2602

Bw Lübeck
56 2090 2595 2679 2745
56 3001-3008

Bw Parchim
56 2586

Bw Schwerin
56 2045 2088 2090 2096 2140 2191 2257 2386 2450 2594 2615 2740

Ab 1941 wurden die Bw Neubrandenburg und Waren (Müritz) mit 56^{20} bedacht. Ab Januar 1942 rollten alle 24 vorhandenen 56^{20} – 56 2333 war von der Rbd Münster hinzugekommen – und die acht 56^{30} in den besetzten Osten. Französische Mietlok mussten die Lücken füllen, u.a. die bewährten 1'C-Lok Reihe 130A der Ostregion und die Pershings verschiedener Regionen. Außerdem besaß die RBD Schwerin Ende 1942 bereits 48 Lok der Reihe 50.

An die Gedob Krakau wurden abgegeben zur Aufstellung „in gedeckten Räumen als Nachschub für den Osten (Russland)"

am 24. Januar 1942: 56 3004, 3005, 3007
am 30. Januar 1942: 56 2061, 2096, 2386, 2586, 2594, 2595, 3002.

Im ersten Nachtrag der Ostabgabelok vom 14. März 1942 sind 17 56^{20} und alle acht 56^{30} genannt:

Bw Güstrow
56 2456 2465

Bw Lübeck
56 3007 3008

Bw Neubrandenburg
56 2053 2061 2602 2679

Bw Neustrelitz
56 3006

Bw Schwerin
56 2045 2059 2090 2096 2191 2386 2450 2586 2594 2740 2745

Bw Waren
56 3001 3002 3003 3004 3005

Im zweiten Nachtrag vom 25. Juni 1942 erscheint lediglich 56 2615 (Bw Schwerin). 56 2088 wurde als Verlust am 15. März 1943 ausgemustert (34g/Bl vom 20. Juli 1943). Nach dem St 11a für 1943 waren noch neun 56^{20} und sechs 56^{30} „im Osten".

Am 31. Oktober 1944 besaßen die Schweriner Bw 14 56^{20} und fünf 56^{30} sowie für den Gz-Dienst u.a. 84 Lok R 50, 17 Lok R 52 und 47 Lok G 8^1 Umbau (Reihe 56^2). Doch in den Monaten November und Dezember 1944 wurden alle verbliebenen 56^{20} abgegeben an die RBD Essen, Halle und Köln; nur listenmäßig wurde 56 2679 noch als im Osten befindlich geführt. Allerdings standen die Bahnhöfe auch der RBD Schwerin voll mit Schadrückführlok fremder RBD, darunter zehn 56^{20}.

Reichsbahndirektion Wuppertal (bis 1930: Rbd Elberfeld)

Im Dezember 1921 erhielt die Rbd Elberfeld die ersten drei G 8^2, die späteren Lok 56 2318-2320. Auch sie gab diese rasch wieder ab und besaß dann bis 1940 keine mehr. Die Statistik nennt per 31. Dezember 1940 drei G 8^2 bei der RBD Wuppertal. Aus dem Lokbestandsbuch geht hervor, dass dies die drei Lok 56 2075, 2109 und 2113 waren, die am 30. November 1940 von der RBD Köln beim Bw Schwerte (Ruhr) eintrafen. Sie verließen die RBD Wuppertal am 30. April 1941 wieder. 56 2109 kehrte zur RBD Köln zurück, die beiden anderen wurden an die RBD Breslau abgegeben. Der Sinn dieser kurzfristigen Umbeheimatung ist nicht erkennbar.

Bild 114 – 56 2373 am 1. Juli 1935 vor einer bunten Wagenmischung unterwegs von Waren (Müritz) nach Malchin. Eingesetzt war sie vom Lokbf Malchin des Bw Neubrandenburg. Die Lok schied 1953 beim Bw Kleve aus. AUFNAHME: CARL BELLINGRODT, SAMMLUNG JÖRG SAUTER

Kriegseinsätze

Eigentümlicherweise wurde die Reihe 56^{20} nur im besetzten Russland eingesetzt, weder im besetzten Polen (Generaldirektion der Ostbahn), noch auf dem Balkan oder in Belgien/Frankreich.

Sofort mit Beginn des Russlandeinfalls ab Juni 1941 begann die Überweisung beinahe ungezählter Lok in den besetzten Osten. Betroffen waren Lok der Reihen 38^{10}, 55^{0}, 55^{16}, 55^{25}, 56^{2}, 57^{10}, 91^{3}, 92^{5}, 93^{0} und 93^{5} sowie allerdings erst ab Anfang 1942 auch unsere 56^{20}, nicht aber Lok der Reihe 56^{1}. Im Vorgriff darauf ordnete das RVM am 31. Dezember 1941 die Ausrüstung von 120 G 8^{2} der Generalbetriebsleitung (GBL) Ost und von 180 der GBL West mit Frostschutz an (34 Bla).

Das besetzte Russland und die besetzten baltischen Staaten waren eingeteilt in vier Haupteisenbahndirektionen (HBD) Nord, Süd, Mitte und Ost, ab Sept. 1942 umbenannt in Reichsverkehrsdirektionen (RVD) Riga, Minsk, Kiew und Poltawa (letztere seit Dez. 1942 in Dnjepropetrowsk). Kurzfristig gab es Ende 1942 bis Februar 1943 auch die RVD Rostow. Die RVD unterstanden dem Reichsverkehrsministerium Zweigstelle Osten mit Sitz in Warschau. Hierhin waren Eisenbahner der Reichsbahn abgeordnet, salopp nach der Farbe des Uniformtuchs „blaue Eisenbahner" genannt. Zwischen den HBD/RVD und der Front waren tätig die Feldeisenbahndirektionen (FBD), ab 1942 Feldeisenbahnkommandos (von Nord nach Süd Fekdo 2, 3, 4 und 5), die der Wehrmacht untergeordnet waren. Die Feldeisenbahner trugen Wehrmachtsuniform und wurden danach – auch nicht amtlich – als „graue" Eisenbahner bezeichnet. Deren Bw hießen abgekürzt FBw.

Die Lokomotiven waren oft nur wenige Wochen in den Bw im Osten. Insbesondere durch Minenaufläufe, die sich mehr und mehr steigerten, war ein hoher, immer weiter steigender Schadbestand zu verzeichnen. Es existieren zwei Nachtragslisten vom 14. März und vom 25. Juni 1942, die die ab August 1941 in den Osten abgegebenen Lok enthalten. Die Hauptliste vom 11. März 1942 nennt stückzahlmäßig 3.141 Lok und ist bislang in noch keinem Archiv aufgefunden worden; nur das Deckblatt ist bekannt.

Bekannte Lok-Einsätze der Reihe 56^{20} in den besetzten baltischen Staaten und Russland sind nachstehend genannt. Sie sind keineswegs vollständig, da die Lok im Durchschnitt sechs bis acht Wochen in einem Bw blieb. Je nach Frontlage, Lokbedarf und insbesondere wegen des immer weiter steigenden Schadbestands (Partisanen) waren die Wechsel häufig. Auch deshalb gibt es keine vollständigen Lokzuteilungslisten aus den Ost-Bw; wozu auch? Im Augenblick der Erstellung wäre sie schon veraltet gewesen. Die Betriebsbücher blieben in der Heimat, und die Ost-Bw hatten die geleisteten Kilometer zu melden, was nur oft auch nicht geschah. Daher trugen die Heimat-Bw 1942 pauschal 3.100 km/Monat in den Betriebsbogen ein.

Die unten genannten Lok waren meist auch nicht gleichzeitig in einem Bw eingesetzt. Auch Mehrfachnennungen sind möglich. Die Angaben der RVD entsprechen jenen der DV 907 vom 1. April 1943. Für die FBw gibt es keine Liste; die Angaben stammen aus Werkkarten, Betriebsbüchern usw.

Erkannte Lokbeheimatungen 1941/1943:

Baranowitsche (RVD Minsk)
56 2037 2237 2241 2269 2423 2438 2453 2456 2562 2608 2651 2765 2767 2897

Bataisk (eh. RVD Rostow)
56 2379 2764

Bereza-Kartuska (RBD Minsk)
56 2132

Bobrinskaja (RVD Kiew)
56 2824 2834

Borisow (RVD Minsk)
56 2054 2080 2106 2177 2193 2224 2304 2317 2389 2460 2670 2693 2809 2815 2821 2831 2838 2852

Brest-Litowsk (RVD Minsk)
56 2160 2597 2804 2822 2909

Brjansk (Fekdo 2)
56 2109 2245 2270 2634 2763 2769 2817 2895

Charkow (Fekdo 3)
56 2189 2270

Chelm (Cholm bei Nowgorod gemeint?)
56 2176 2178 2216 2385

Dnjepropetrowsk (RVD Dnjepropetrowsk)
56 2364 2465 2711 2784 2804 2890

Dünaburg (RVD Riga)
56 2005 2044 2054 2065 2103 2200 2226 2265 2379 2391 2405 2421 2426 2687 2833 2845

Erichshof (RVD Riga)
56 2039 2369 2583 (Jerici) 2684

Fastow II (RVD Kiew)
In der DV 907 vom 1 April 1943 stehen Fastow Hbf und Fastow Ost.
56 2389

Golta (in Transnistrien)
56 2441

Gomel (RVD Minsk)
56 2156 2325 2358 2854

Gorlowka (RVD Dnjepropetrowsk)
56 2001 2059 2222

Grebenka (RVD Kiew)
56 2711

Ilowaskoje (RVD Dnjepropetrowsk)
56 2105

Jasinowataja (RVD Dnjepropetrowsk)
56 2001 2102 2178 2329 2380 2585 2687 2692 2835

Kasatin Gbf (RVD Kiew) *DV 907 v. 1.4.1943: Kasatin Hbf und Kasatin West*
56 2366

Kastornaja
56 2364

Kiew
56 2579 2599

Korosten (RVD Kiew)
56 2858

Kowel
56 2694

Kowno (RVD Riga)
56 2693

Krementschug (RVD Dnjepropetrowsk)
56 2256

Kritschew (RVD Minsk)
56 2224

Lichaja
56 2001

Losowaja (RVD Dnjepropetrowsk)
56 2003 2052 2114 2142 2172 2268 2386 2428 2696 2697 2764 2810

Lubny (RVD Kiew)
56 2616

Mariupol (RVD Dnjepropetrowsk)
56 2119

Mineralnye Wody
56 2322

Minsk (RVD Minsk)
In der DV 907 vom 1. April 1943 stehen Minsk Pbf und Minsk Gbf. Möglicherweise wurde „Minsk" als Ziel angegeben, wenn die RVD Minsk gemeint war.
56 2039 2071 2080 2265 2282 2423 2459 2597 2608 2824 2833 2896

Bild 115
Frostschutz Marke „Eigenbau" erhielt diese 56^{20} offenbar im Ost-Bw Orscha verpasst, wo sie von Georg Otte mehrmals gefahren wurde. Die Betriebsnummer ist beim besten Willen nicht lesbar; Georg Otte bezeichnet sie als **56 27xx**. So können wir auch nicht feststellen, ob die Lok im Juni 1944 in Orscha über rollt oder in den Westen rückgeführt wurde.

Aufnahme: Georg Otte, Sammlung Hans-Jürgen Wenzel

Bild 116
Die Troisdorfer **56 2102** wurde im Januar 1942 in den besetzten Osten versetzt. Sie führt, zum Bw Jasinowataja gehörend, einen Bauzug oder einen Probebelastungszug über eine von den Deutschen errichtete Behelfsbrücke. Sie trägt einen Krupp-Kessel aus dem Jahr 1923 mit vier Aufbauten.

Aufnahme: Sammlung Helmut Griebl

Bild 117
56 2119 (Bw Orscha Hbf) im August 1942 nach einer Sprengung bei Kritschew in Weißrussland. Heimat-Bw war Koblenz-Lützel; die Lok hat noch keinen Frostschutz. Erst nach einer L 2-Ausbesserung im RAW Nied (21.11.42) kam sie wieder in Fahrt.

Aufnahme: Aufnahme: Lokf. Hugel, ehem. Bw Aue/Slg. Helmut Griebl

Bild 118
56 2132, Heimat-Bw Roßlau (Elbe), fährt 1943 aus Baranowitsche in Weißrussland aus. Zuletzt setzte sie das Bw Linz (Rhein) 1952 auf der rechten Rheinstrecke zwischen Troisdorf und Engers für Nahgüterzüge und Übergabefahrten ein.

AUFNAHME:
WALTER HOLLNAGEL,
SAMMLUNG EISENBAHNSTIFTUNG

Bild 119
Zum zweiten Mal wurde Rostow am Don im Juli 1942 von den Deutschen besetzt. Die mit Frostschutz versehenen Lok **56 2322** (Bw Güsten) und **56 2831** (Bw Löhne) dienen am 28. August 1942 der Eröffnung und vermutlich auch der Belastungsprobe der instand gesetzten Donbrücke in Rostow. 56 2322 war übrigens 1943 in Mineralnije Wody beheimatet und verblieb der DB, während 56 2831 der MPS zufiel.

AUFNAHME:
WALTER SCHIMEK,
SAMMLUNG HELMUT GRIEBL

Bild 120
Drei preußische Lok verschiedener Eigentümer in einem nicht zu identifizierten Bw der Gedob. Vorn **56 2375** (Heimat-Bw Mainz-Bischofsheim), dahinter zwei G 8^1: links die PKP Tp4-14 (ab 1945 auf dem Papier 55 3679) rechts die AL 5333. Es könnte sich um Tarnopol handeln, wo fast alle AL-G 8^1 beheimatet waren.

AUFNAHME:
SAMMLUNG HANS-JÜRGEN WENZEL

Bild 121
56 2625 vom Bw Liegnitz steht abfahrbereit irgendwo auf der Strecke Bf Snameka – Krementschug in der Ukraine. Schwach ist die Bw-Abkürzung Sk für Snameka (heute Snamjanka) links an der Rauchkammer zu lesen. Die Lok war zuletzt bis zur Ausmusterung 1954 in Neustadt (Weinstr) beheimatet.

AUFNAHME: BUNDESARCHIV 233/894/18

Bild 122
Die Güstener **56 2805** fuhr in einen Sprengtrichter, der erste Wagen lief offenbar auf, und seine Vorderwand wurden durch die Puffer der Lok beschädigt. Gut erkennbar ist die Frostschutzverkleidung an der Luftpumpe. Die Lok war noch bis 1959 in Bielefeld im Dienst.

AUFNAHME: SAMMLUNG JAN LUKOW

Bild 123
56 2815, Heimat-Bw Schoppinitz der RBD Oppeln, um 1942 als Ostlok des Bw Witebsk. Die Führerhaus Rückwand scheint eine Eigenkonstruktion des Bw zu sein. Luftpumpe und Speisedom sind unverkleidet.

AUFNAHME: HANS SCHEFFLER/ SAMMLUNG HANS-JÜRGEN WENZEL

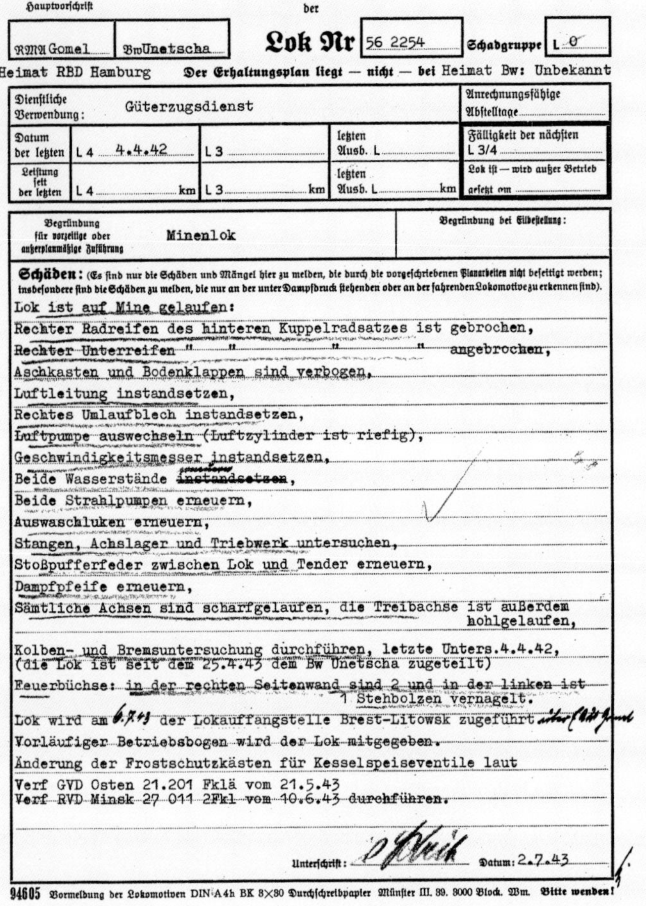

Deutsche Reichsbahn
DV 946
Hauptvorschrift

Vormeldung
der
Lok Nr 56 2254 — Schadgruppe L 0

RMA Gomel — Bw Unetscha

Heimat RBD Hamburg — Der Erhaltungsplan liegt — nicht — bei Heimat Bw: Unbekannt

Dienstliche Verwendung:	Güterzugsdienst			Anrechnungsfähige Abstelltage
Datum der letzten	L 4 4.4.42	L 3	letzten Ausb. L	Fälligkeit der nächsten L 3/4
Leistung seit der letzten	L 4 km	L 3 km	letzten Ausb. L km	Lok ist — wird außer Betrieb gesetzt am

Begründung für vorzeitige oder außerplanmäßige Zuführung: Minenlok

Begründung bei Eilbestellung:

Schäden: (Es sind nur die Schäden und Mängel hier zu melden, die durch die vorgeschriebenen Planarbeiten nicht beseitigt werden; insbesondere sind die Schäden zu melden, die nur an der unter Dampfdruck stehenden oder an der fahrenden Lokomotive zu erkennen sind).

Lok ist auf Mine gelaufen:
Rechter Radreifen des hinteren Kuppelradsatzes ist gebrochen,
~~Rechter Unterreifen " " " "~~ angebrochen,
Aschkasten und Bodenklappen sind verbogen,
Luftleitung instandsetzen,
Rechtes Umlaufblech instandsetzen,
~~Luftpumpe auswechseln (Luftzylinder ist riefig),~~
Geschwindigkeitsmesser instandsetzen,
Beide Wasserstände erneuern ~~instandsetzen~~,
Beide Strahlpumpen erneuern,
Auswaschluken erneuern,
Stangen, Achslager und Triebwerk untersuchen,
Stoßpufferfeder zwischen Lok und Tender erneuern,
Dampfpfeife erneuern,
Sämtliche Achsen sind scharfgelaufen, die Treibachse ist außerdem hohlgelaufen,
Kolben- und Bremsuntersuchung durchführen, letzte Unters. 4.4.42,
(die Lok ist seit dem 25.4.43 dem Bw Unetscha zugeteilt)
Feuerbüchse: in der rechten Seitenwand sind 2 und in der linken ist 1 Stehbolzen vernagelt.
Lok wird am 6.7.43 der Lokauffangstelle Brest-Litowsk zugeführt
~~Vorläufiger Betriebsbogen wird der Lok mitgegeben.~~
Änderung der Frostschutzkästen für Kesselspeiseventile laut
Verf GVD Osten 21.201 Fklä vom 21.5.43
~~Verf RVD Minsk 27 011 2Fkl vom 10.6.43~~ durchführen.

Unterschrift: [Unterschrift] Datum: 2.7.43

94605 Vormeldung der Lokomotiven DIN A4h BK 8×30 Durchschreibpapier Münster III. 39. 3000 Block. Wm. Bitte wenden!

Bild 124 – Ausbesserungsvormeldung vom 2. Juli 1943 für die auf eine Mine aufgelaufenen Lok **56 2254**. Die Schäden hielten sich in Grenzen, viele der angeführten Mängel sind betriebsbedingt und keine Folgen der Mine.

ABBILDUNG: SAMMLUNG HANS-JÜRGEN WENZEL

Bild 125 – Die am 19. März 1942 im RAW Bremen hauptuntersuchte **56 2574** (Bw Rahden) noch mit Messingschild in Wladimirski Lager (Strecke Luga – Pskov/Pleskau). Sie war einem FBw des Fekdo 4, Sitz Pleskau, zugeteilt. Lichtmaschine und Kesselspeiseventil sind bereits frostgeschützt. Sie leistete bis 1953 noch Dienst im Bw Oldenburg Vbf.

AUFNAHME: SAMMLUNG JAN LUKOW

Minsk Gbf (RVD Minsk)
56 2065 2160 2364 2460 2651 2687 2693

Mitau (RVD Riga)
56 2436

Molodetschno (RVD Minsk)
Auswertung des Tagebuchs von Lokf. Theodor Stoll
56 2056 2105 2195 2201 2313 2338 2356 2573 2629 2663 2673 2821

Nikopol (RVD Dnjepropetrowsk)
56 2119

Bw Olechnowicze *von Umlauft notiert; war hier ein Bw?*
56 2249

Orscha (RVD Minsk)
In der DV 907 vom 1. April 1943 stehen Orscha Ost und Orscha Zentral.
56 2042 2119 2265 2272 2772 2896

Osipowitschi (RVD Minsk)
56 2313 2666 2710

Pjatichatki (RVD Dnjepropetrowsk)
56 2006

Pleskau (Fekdo 4)
56 2005 2049 2090 2191 2202 2319 2338 2342 2381 2383 2412 2425 2461 2574

Pologi (RVD Dnjepropetrowsk)
56 2358

Poltawa (RVD Dnjepropetrowsk)
56 3008

Polozk (RVD Minsk)
56 2120 2425 2822

Pomoschnaja (RVD Kiew)
56 2061

Postischewo (RVD Dnjepropetrowsk)
56 2003

Radziwillow (RVD Kiew)
56 2086 2193 2303 2609 2908

Radviliskis (RVD Riga)
56 2193 2284 2471

Riga (RVD Riga)
In der DV 907 vom 1. April 1943 stehen Riga-Schreyenbusch und Riga Vbf. Möglicherweise wurde „Riga" als Ziel angegeben, wenn die RVD Riga gemeint war.
56 2041 2070 2121 2139 2175 2177 2242 2312 2384 2691 2694 2752 2766 2770 2771 2811

Riga Vbf (RVD Riga)
56 2060 2089 2262 2319 2369 2406 2407 2828

Riga-Schreyenbusch (RVD Riga)
56 2087 2262 2369 2389 2405 2436 2822 2845

Riga-Skirotowa (umbenannt zu Riga Vbf; RVD Riga)
56 2039 2065 2089 2279 2369 2607 2809 2822 2845

Rositten (RVD Riga)
56 2583

Rowno
56 2284

Saporoshje (RVD Dnjepropetrowsk)
In der DV 907 vom 1. April 1943 stehen Saporoshje Stadt und Saporoshje Süd.
56 2128 2456

Schaulen (RVD Riga)
56 2080 2120 2177 2186 2191 2192 2196 2277 2301 2405 2407 2425 2436 2463 2466 2560 2561 2575 2727 2787

Schtschetowo (RVD Dnjepropetrowsk)
56 2252

Bild 126
56 2065 vom Bw Kirchweyhe mit durchbohrten Gegengewichten und ohne Frostschutz verschlug es bis Skirotowa im besetzten Lettland. Sie war erst seit 21. Februar 1942 frostgeschützt, so dass die Aufnahme vorher zu datieren ist. Oldenburg Vbf war ihr letztes Bw.

AUFNAHME:
HERBERT SCHULTZ,
SAMMLUNG HANS-JÜRGEN WENZEL

Schwanenburg (RVD Riga)
56 2230
Sdolbunow (RVD Kiew), * Lokafa
56 2004* 2023* 2027 2038 2086* 2147* 2149* 2175* 2191 2201 2211* 2269 2303 2315 2336* 2388* 2391 2422* 2430* 2485 2609* 2617 2629 2649 2657 2696* 2731 2741 2763* 2769* 2771* 2820* 2914
Shlobin (RVD Minsk)
56 2177
Smolensk (RVD Minsk)
56 2346
Smolensk Hbf (RVD Minsk)
56 2125 2160 2469 2909 2914
56 3006
Smolensk Ost (RVD Minsk)
56 2226 2439 2469 2597 2746 2833 2835 2854 2895
In der DV 907 vom 1. April 1943 steht nur Smolensk
Snamenka (RVD Dnjepropetrowsk), * Lokafa
56 2005 2037* 2268* 2358* 2375 2398 2740 2910
Tauroggen (RVD Riga)
56 2193 2561
Tichorezkaja (eh. RVD Rostow)
56 2629
Tschaplino (RVD Dnjepropetrowsk)
56 2006 2465 2478
Unetscha (RVD Minsk)
56 2114 2152 2254 2763
Usel (RVD Dnjepropetrowsk)
56 2369
Witebsk (RVD Minsk)
56 2054 2815
Wolnowacha (RVD Dnjepropetrowsk)
56 2295
Woroshba (RVD Kiew)
56 2174 2870 2877 2878

In Snamenka und Sdolbunow bestanden ab Januar 1942 Lokauffangstellen (Lokafa), welche die mit den Lokzügen aus dem Reich ankommenden Lok auf die Bw verteilten und Schadlokzüge aus dem Osten in die RAW im Reich zusammenstellten. Eine dritte Lokauffangstelle lag in Eydtkuhnen (RBD Königsberg), im Oktober 1943 verlegt nach Gumbinnen. Oft wurden Snamenka oder Zdolbunow nur als Ziel-Bw genannt, ohne dass die Lok dort beheimatet wurde.

Gerieten Lok nachweisbar in Verlust, setzte das RVM sie in den „34g/bl"-Verfügungen ab (g = geheim), welche bei weitem nicht alle bekannt sind. Lok, deren Schicksal unbekannt blieb, wurden in gesonderten Suchlisten erfasst; kam es doch oft vor, dass eine Ostlok ins Reich zurückkam, ohne dass die abgebende Heimat-RBD Kenntnis vom neuen Standort erlangt hatte.

Im März 1942 waren lt. HV (34 Bl 230 vom 24. März 1942) 6037 DR-Lok im Osten eingesetzt, darunter 621 G 8^2. Wohl schon 1943 wurden die G 8^2 aus dem besetzten Osten zurück gezogen. Das Fekdo 3 meldet am 31. März 1943 u.a. 48 (!) G 8^2 als „verloren gegangen". Der Bestand war zwar von 818 am 31. Dezember 1942 vom auf 756 am 31. Dezember 1943 gesunken, aber ob so viele beim Fekdo 3 in Verlust geraten waren?

Die GVD Osten, Sitz Bromberg, sucht am 7. September 1944 (21.201 Bla 4) den Standort der 195 zwischen dem 3. März 1943 und dem 8. Juli 1944 von den Lokafa ins Reich abgerollten G 8^2. Am 19. Juni 1944 meldet das RZA Berlin nur mehr zwei im Osten eingesetzte G 8^2 (RVD Minsk). Die meisten allerdings kehrten nicht in die Heimat-RBD zurück. Sie wurden an RBD abgegeben, die im Bereich einer GDW lagen, in deren RAW die Lok ausgebessert worden waren.

Am 7. September 1944 ordnete die GVD Osten (21.202 Bla 4) die Einführung des Begriffs „Schadrückführlok" für aus dem Osten zurückgekehrte Lok an, die bei einer anderen als der Heimat-RBD abgestellt waren. Sie waren von den Abstell-RBD als Schadrückführlok zu führen und entsprechende Listen mit anderen RBD zwecks Ermittlung der Heimat-RBD auszutauschen. In der letzten am 7. Dezember 1944 erstellten Suchliste (34 Bla 288) erscheinen 30 56^{20} als vermisst:

RBD Breslau	56 2171	2174	2246	2484	2622
	2628	2638	2866	2870	2875
RBD Essen	56 2742				
RBD Frankfurt (M)	56 2244				
RBD Halle (S)	56 2235	2251	2723		
RBD Hamburg	56 2608	2810			
RBD Hannover	56 2588	2614	2824		
RBD Kassel	56 2004	2383			
RBD Köln	56 2032				
RBD Königsberg	56 2475				
RBD Mainz	56 2139				
RBD Oppeln	56 2012	2311	2362	2401	2593

Die Verteilung der G 8^2 auf die Reichsbahnausbesserungswerke

Bis 1928 sind nicht viele Angaben überliefert. Im November 1924 unterhielt das RAW Göttingen 198, das RAW Osnabrück 139 G 8^2 der „Ausgleichsbezirke“ Altona und Cassel; weitere sind nicht bekannt. Erst ab Juli 1928 liegen Werkstatistiken vor:

	Juli 1928	**31.12.1930**	**30.09.1932**	**31.12.1933**	**30.06.1935**	**31.12.1935**	**30.06.1936**	**31.12.1936**	**30.06.1937**	**31.12.1937**
Braunschweig	132	140	139	-	-	-	-	36	69	71
Cottbus	-	-	-	-	-	-	109	109	109	109
Göttingen	69	54	-	-	-	-	-	-	-	-
Halle	-	-	-	113	113	113	4	4	4	4
Oels	114	114	114	123	123	123	124	124	124	126
Nied	113	113	164	149	130	130	129	129	129	127
Sebaldsbrück	169	187	194	240	279	279	279	243	210	208
Schwerte	196*	203	200	186	166	166	166	166	166	166
Summe	**793**	**811**	**811**	**811**	**811**	**811**	**823****	**811**	**811**	**811**

* Die Zahlen für Juli 1928 sind nicht stimmig. Die 196 Lok des RAW Schwerte sind nicht aufgeschlüsselt. Die Endsumme ist um sechs Lok zu hoch; es müssten 787 Lok sein.

** Die Endsumme für den 30. Juni 1936 ist ebenfalls zu hoch und zwar um 12 Lok. In der Statistik stehen falsch 16 56^{20} beim RAW Ingolstadt; dies dürften bayerische G 4/5 H sein. Zieht man diese 16 Lok bei den G 8^2 ab und nimmt die vier Kohlenstaublok hinzu, kommt man auf die richtige Zahl 811.

	30.06.1938	**30.12.1938**	**30.06.1939**	**31.12.1939**	**30.06.1940**	**31.12.1940**	**30.06.1941**	**31.12.1941**	**31.12.1942**	**30.06.1943**	**31.12.1943**
Braunschweig	71	70	70	70	116	109	95	72	-	-	-
Bremen*	208	201	209	209	161	158	150	172	234	223	217
Bromberg & Lazy	-	-	-	-	-	-	-	-	11	-	-
Bromberg	-	-	-	-	-	-	-	-	-	9	7
Cottbus	109	106	110	110	110	132	118	118	117	112	112
Halle	4	4	(-> Cs)	-	-	-	-	-	-	-	-
Lübeck	8	8	(-> Seb)	-	-	-	-	-	-	-	-
M. Speldorf	-	-	-	-	-	-	-	164	157	152	146
Nied	127	125	125	125	125	105	103	98	98	98	94
Oels	126	134	134	134	136	148	195	195	200	183	180
Schwerte	166	171	171	171	171	167	158	-	-	-	-
Schneidemühl	-	-	-	-	-	-	-	-	-	1	-
Stargard	-	-	-	-	-	-	-	-	1	-	-
Summe	**819**	**819**	**819**	**819**	**819**	**819**	**819**	**819**	**818**	**778!**	**756!**

Die Unterhaltung in Göttingen wurde spätestens 1932 zu Gunsten von Nied aufgegeben. Kurzzeitig unterhielt das RAW Halle unsere Lok (so 1935) an Stelle von Braunschweig; 1936 wechselten die Hallenser 56^{20} ohne die vier Kohlenstaublok zum RAW Cottbus. 1937 wurden Braunschweig wieder 56^{20} -Lok zugewiesen.

Am 30. November 1939 wurde das RAW Sebaldsbrück in RAW Bremen umbenannt.

1941 traten an Stelle des RAW Schwerte (Ruhr) das RAW Mülheim (Ruhr)-Speldorf und an Stelle des RAW Braunschweig das RAW Bremen.

Die nächste zum 30. Juni 1944 fällige Werkstatistik wurde kriegsbedingt nicht mehr erstellt.

Die Entwicklung zu zwei deutschen Bahnverwaltungen

(gekürzt; ausführlicher im EK-Buch: Wenzel, Die Baureihe 94, Seite 180 f).

Auf der Potsdamer Konferenz beschlossen die Alliierten nach Abtrennung weiter Teile des zusammengebrochenen Reiches zu Gunsten Polens (Oder-Neiße-Grenze) und der Sowjetunion (nördliches Ostpreußen) die Besetzung Berlins in vier Sektoren und Deutschlands in vier Zonen. Im Bereich der späteren Deutschen Bundesbahn lagen

* **Britische Zone**: heutige Länder Hamburg, Niedersachsen, Nordrhein-Westfalen und Schleswig-Holstein.
* **US-Amerikanische Zone** (kurz: US-Zone): heutige Länder Bayern, nördliche Landesteile von Baden und Württemberg, Bremen mit Bremerhaven, Hessen.
* **Französische Zone**: südliche Landesteile des heutigen Baden-Württemberg mit Stadt- und Landkreis Lindau, das heutige Rheinland-Pfalz und das Saarland.

Entsprechend fiel die Einteilung bei der Deutschen Reichsbahn in den Zonen aus:

* **Britische Zone**: 20. August 1945: Reichsbahn-Generaldirektion in der britischen Besatzungszone (Sitz in Bielefeld, Generaldirektor und Leiter: Dr.-Ing. Leibbrand)
* **US-Zone**: 19. Juli 1945: Oberbetriebsleitung (OBL) der US-Zone (Sitz in Frankfurt, Leiter Präs. Bauer)
* **Französische Zone**: 8. Januar 1946: Oberdirektion in Speyer (Leiter Dr. Roser), ab 1947 Betriebsvereinigung der Südwestdeutschen Eisenbahnen (SWDE).

Schon in den Monaten Juli und August 1945 wurden die Grenzen der Reichsbahndirektionen in den vier Zonen den Grenzen der Besatzungszonen angepasst.

In der **brit. Zone** gab es die RBD Essen, Hamburg, Hannover, Münster und Wuppertal;

In der **US-Zone** bestanden die RBD Augsburg, Frankfurt (M), Kassel, München, Nürnberg, Stuttgart und Regensburg. Kurzfristig war die RBD Hannover geteilt in RBD Hannover brit.-Zone und US-Zone (Raum Bremen/Bremerhaven).

Die **frz. Zone** war eingeteilt in die RBD (ab Juli 1946: ED) Karlsruhe, Mainz und Saarbrücken; nach vertragswidriger, aber von den anderen Alliierten geduldeter Abtrennung des Saarlandes trat 1947 die ED Trier an Stelle der ED Saarbrücken.

Am 1. Oktober 1946 vereinigten sich RBGD und die OBL USZ zur **Hautverwaltung der Eisenbahnen** (HVE) der britischen und US-Zone, die sich zum 1. Oktober 1948 in **Deutsche Reichsbahn im Vereinigten Wirtschaftsgebiet** umbenannte. Ab 7. September 1949 nannte sie sich „Deutsche Bundesbahn" (Telegramm der HVR Offenbach an beide GBL, alle RBD der brit.-US-Zone). Reichsbahnausbesserungswerke (RAW) wurden zu Eisenbahnausbesserungswerken (EAW), Reichsbahn-Zentralämter (RZA) zu Eisenbahn-Zentralämtern (EZA) und Reichsbahndirektionen (RBD) zu Eisenbahndirektionen (ED). „Abgesegnet" wurden diese Umbenennungen erst durch das Bundesbahngesetz von 13. Dezember 1951 – in Kraft seit 11. Januar 1952. Nach und nach wuchsen DB und die „Franzosenverwaltung" SWDE bis 31. Mai 1952 zur Deutschen Bundesbahn zusammen. Die ED und EAW nannten sich aber erst ab 1. April 1953 Bundesbahndirektionen (BD) und Ausbesserungswerke (AW).

Die **sowjetische Besatzungszone** lag im Bereich der heutigen Bundesländer Brandenburg, Mecklenburg-Vorpommern, Sachsen, Sachsen-Anhalt und Thüringen. Viermächtestatus besaß Berlin. Die Leitung der Eisenbahn in der Russenzone übernahm die Hauptverwaltung der Reichsbahn, alsbald in Generaldirektion der Reichsbahn umbenannt. Übergeordnet war die Deutsche Zentralverwaltung für Verkehr, mit Gründung der DDR am 7. Oktober 1949 umbenannt in Ministerium für Verkehr und zum 26. November 1953 in Ministerium für Verkehrswesen. In der Mittelinstanz bestanden bis Anfang der neunziger Jahre die acht Reichsbahndirektionen Berlin, Cottbus (erst ab Oktober 1945), Dresden, Erfurt, Greifswald, Halle, Magdeburg und Schwerin.

Deutsche Bundesbahn

Über 500 Lokomotiven der Reihe 56^{20} sowie sieben der acht 56^{30} blieben nach dem Zweiten Weltkrieg im Bereich der späteren Deutschen Bundesbahn. Eine erste Lokomotivzählung zum 31. Dezember 1945 nennt Lokomotiven unserer Reihe in allen RBD außer Augsburg und Nürnberg, wo keine 56^{20} beheimatet waren. Die Mainzer Zahl 33 habe ich der amtlichen Liste der RBD Mainz vom selben Tag entnommen. Die Summe ergibt 544 Lok.

RBD Essen	170
RBD Frankfurt (M)	10
RBD Hamburg	30
RBD Hannover	121
RBD Karlsruhe	3
RBD Kassel	23
RBD Köln	60
RBD Mainz	33
RBD München	1
RBD Münster (W)	41
RBD Regensburg	21
RBD Saarbrücken	22
RBD Stuttgart	4
RBD Wuppertal	5

Mindestens sechs dieser Fahrzeuge waren Kriegsschadlok und wurden nicht mehr aufgebaut:

56	2061	DRw	+ 19.11.45	RBD Essen
	2142	SWDE	+ 13.02.46	RBD Mainz
	2177	DRw	+ 11.03.46	RBD Kassel
	2209	DRw	+ 09.08.46	RBD Hannover
	2647	DRw	+ 29.04.46	RBD Köln
	2693	DRw	+ 26.11.46	RBD Kassel

Zum Erhaltungsbestand der US-Zone zählte keine, zu jenem der brit. Zone am 30 April 1946 247 Lok (RBD Essen 129, RBD Hamburg 14, RBD Hannover 28, RBD Köln 40, RBD Münster 36). Am 1. April 1947 unterhielt die nunmehrige HV der brit.-US-Zone 167 Lok im RAW Schwerte (Ruhr), nämlich 137 der RBD Essen und 30 der RBD Köln, sowie 203 im RAW Bremen: 20 der RBD Hamburg, 147 der RBD Hannover und 36 der RBD Münster.

Im Bereich der SWDE (frz. Zone) befanden sich im November 1947 in den ED Mainz und Trier 55 unserer Lok, darunter elf Stocklok (die SWDE verwendete diesen Begriff für seit Kriegsende abgestellte Lok). Zuständiges EAW für die Lok der SWDE war Kaiserslautern. Die weitere Verteilung zeigt folgende Tabelle:

ED/BD	26.04.48	01.07.50	20.10.51	15.05.52	31.12.53	01.10.57	01.01.59
Essen	146	122	79	67	48	43	30
Hamburg	26	27	27	21	–	–	–
Hannover	140	126	107	101	83	80	33
Köln	50	67	59	59	24	22	10
Mainz	55	41	33	–	–	–	–
Münster	52	59	52	47	38	17	-
Trier	–	9	9	–	–	–	–
Summe	**469**	**451**	**366**	**295**	**193**	**162**	**73**

Bis Ende 1953 schieden somit über 250 Lok aus dem Erhaltungsbestand aus. Sie wurden bis zum Anfall einer L 2 oder L 0 abgefahren und fielen großenteils der Ausmusterungsverfügung vom 18. Oktober 1954 zum Opfer. Am 10. Dezember 1954 verfügte die HVB (73.733 Flde 5) über einen Erhaltungsbestand von 158 statt wie bisher 222 Lok Reihe 56^{20}. Der Bestand sank weiter von 171 Lok am 1. Januar 1956 über 162 am 1. Oktober 1957 und noch 73 am 1. Januar 1959. Erhaltungswerk war von 1949 bis 1959 ausschließlich das (E)AW Bremen. Zum 1. Oktober 1959 schieden die Lok der Reihe 56^{20} aus dem Erhaltungsbestand aus.

Noch vier weitere Jahre dauerte es, bis auch die letzte der noch in den BD Essen und Köln eingesetzten 56^{20}, 56 2637, abgestellt war. Sie war lt. Verfügung der BD Essen vom 12. August 1964 (21 AM 7 Fau) für Museumszwecke vorgesehen, wurde aber dennoch zerlegt. Lauscher (Jung, Band 2, Seite 95) nennt 56 2784, die erhalten bleiben sollte.

56	2637	Bw Duisburg Hbf	z 28.10.63	+ 01.09.65
	2717	Bw Rheydt (HL in Aachen Hbf)	z 06.07.61	+ 12.07.63
	2783	Bw Ruhrort Hafen (HL in Essen Hbf)	z 01.06.62	+ 20.04.63
	2784	Bw Wanne Eickel Hbf	z 05.10.62	+ 20.04.63
	2839	Bw Wesel	z 19.11.62	+ 20.04.63
	2847	Bw Oberhausen West	z 29.11.62	+ 20.04.63
	2863	Bw Rheydt	z 15.07.62	+ 20.10.63

Einige fristeten ihr Dasein als Heizlok, manche bis zur Ausmusterung, manche nach der Ausmusterung. Außer den beiden o.g. Lok sind noch bekannt:

56	2072	1961	Mönchengladbach HL
	2168	1954	Bw Helmstedt HL 2674, (vmtl. letzter Kessel AEG 23/2674)
	2367	1956	Bww Hannover HL 15
	2678	1960	Bww Hamm HL
	2711	1959	HL (wo ?)
	2860	1959	HL (wo?) Ersatz für HL 3224 (diese war keine $G\,8^2$)

DB – Einsätze bei den Direktionen

Bei der DB zog man die 56^{20} verhältnismäßig rasch zurück. Mit ihrem Achsdruck von 17,5 t war sie auf den meisten Nebenbahnen nicht einsetzbar. Auf den Hauptbahnen hielt sie mit der Höchstgeschwindigkeit von 65 km/h für Güterzüge im Vergleich zu den zahlreichen für 80 km/h zugelassenen Lok der Reihe 50 den Betrieb auf. Der Wasservorrat der Reihe 50 war um $6\,m^3$ höher, und mit einem Achsdruck von nur 15 t waren die 50er freizügiger einsetzbar. Einheitliche Stichtagszuteilungen können nicht gegeben werden, außer für den untypisch frühen Monat März 1947. Eine bedeutende Rolle spielen sie nur mehr in den Direktionen Essen, Hamburg, Hannover, Köln, Mainz und Münster (Westf); 1959 schieden sie aus dem Erhaltungsbestand aus.

Direktion Essen

Im Rahmen der Angleichung der RBD-Grenzen an die Besatzungszonen übernahm die RBD Essen im August/September 1945 von der RBD Kassel die Bw Paderborn und Soest sowie von der RBD Wuppertal – obwohl auch brit. Zone – das Bw Holzwickede. Vermutlich sollte die gesamte Strecke (Schwerte –) Unna – Soest – Paderborn einheitlich zur RBD Essen gehören.

56 2117 (Bw Oberhausen West) und 56 2848 (Bw Wedau) wurden am 25. Juni 1945 von der Besatzungsmacht beschlagnahmt. Die erstere verblieb bei der RBD Mainz, die zweite bei der RBD Saarbrücken. Eine erste Lokzählung Ende Dezember 1945 ergab 170 $G\,8^2$ im Essener Bezirk. Leider nennt diese Liste keine Lokbeheimatungen. Ende Dezember 1946 waren 175 Lok vorhanden, davon 104 betriebsfähig. Eine weitere Lokzählung liegt für die brit.-US-Zone zum 23. März 1947, 12.00 Uhr vor; darin sind 163 Lok der RBD Essen erfasst (unterstrichene: betriebsfähig):

Bw Dahlhausen (Ruhr)
56 2020 2023 2036 2040 2054 2267 2298 2576 2621 2671 2852 2867
56 2185 2256 2624 2789 im RAW Schwerte (Ruhr)

Bw Bochum-Langendreer
56 2030 2075 2076 2120 2131 2188 2357 2407 2594 2653 2654 2740 2780 2784 2888
56 2411 vom Bw Mülheim (Ruhr)-Speldorf

Bw Dortmund Bbf
56 2775 vom Bw Dortmund-Vbf

Bw Dortmund Vbf
56 2059 2083 2160 2190 2192 2206 2216 2317 2331 2346 2406 2413 2456 2465 2648 2664 2672 2686 2716 2751 2779 2840 2847 2903 2909
56 2474 im RAW Schwerte (Ruhr)

Bw Dortmunderfeld
56 2045 2277 2358 2388 2477 2705 2785 2793

Bw Duisburg Hbf
56 2002 2008 2313 2326 2478 2598 2699 2790
56 2632 im RAW Schwerte (Ruhr)

Bw Essen Hbf
56 2743 im RAW Schwerte (Ruhr)

Bw Gelsenkirchen-Bismarck
56 2211 2327 2383 2437 2584 2637 2657 2658 2673

Bw Gelsenkirchen Hbf
56 2021 2114 2215 2234 2236 2291 2320 2332 2633 2656 2804
56 2743 im RAW Schwerte (Ruhr)

Bw Hattingen (Ruhr)
56 2341 2585

Bw Herne
56 2252 2319

Bw Holzwickede
56 2266 2295 2305 2438 2634 2635 2737
56 2360 im RAW Schwerte (Ruhr)

Bw Kettwig
56 2472 vom Bw Kupferdreh

Bw Kupferdreh
56 2315 2391 2419 2429 2434 2734

Bw Mülheim (Ruhr)-Speldorf
56 2024 2069 2091 2440 2680 2738

Bw Mülheim (Ruhr)-Styrum
56 2681 vom Bw Mülheim (Ruhr)-Speldorf

Bw Oberhausen Hbf
56 2304 2416 2453 2783 2800
56 2297 im RAW Jülich
56 2417 im RAW Schwerte (Ruhr)

Bw Oberhausen West
56 2005 2006 2312 2335 2353 2424 2471 2481 2659 2839 2880

Bild 127 – 56 2637 war die letzte aktive $G\,8^2$ der Bundesbahn. Sie wurde am 28. Oktober 1963 beim Bw Duisburg-Ruhrort Hafen abgestellt und am 1. Juni 1965 ausgemustert. Im Mai 1966 stand sie bereits abgerüstet im Bw Duisburg Hbf. Der Tender ist leer, Treibstange, Lichtmaschine und Laternen fehlen. AUFNAHME: SAMMLUNG STEFAN CARSTENS

Bild 128 – Am 27. Juli 1957 haben sich **56 2897**, 56 763, **56 2909**, **56 2649** und 94 1120 in ihrem Heimat-Bw Oberhausen West versammelt.
AUFNAHME: CARL BELLINGRODT, SAMMLUNG JÖRG SAUTER

Bw Osterfeld-Süd
56 2136 2337 2386 2575 2617 2668 2850 2901 2902
56 2116 im RAW Paderborn Hbf
56 2289 2316 2364 2420 im RAW Schwerte (Ruhr)
56 2799 L 0 im Bw Wedau
Bw Ruhrort Hafen neu
56 2127 2292 2330 2725
Bw Wedau
56 2119 2327 2333 2409 2439 2446 2741 2873
56 2123 im RAW Mülheim (Ruhr)-Speldorf
56 2288 2602 2665 2897 in RAW Schwerte (Ruhr)
Bw Wesel
56 2868

Der Bestand verringerte sich von 146 am 26. April 1948 auf 122 am 1. Juli 1950. 1948 wurden elf Lok an die RBD Münster abgegeben, 1949 elf an die ED Köln und nochmals sieben an die RBD/ED Münster sowie 1950 acht an die ED Köln.

Am 27. Juni 1950 waren 139 Lok 56^{20} neun Bw zugeteilt – offenbar mehr als der Erhaltungsbestand. 54 Lok waren dienstplanmäßig eingesetzt durch die Bw Dortmund Vbf, Duisburg Hbf, Duisburg-Wedau, Gelsenkirchen-Bismarck, Holzwickede, Mülheim (Ruhr)-Speldorf, Oberhausen West, Osterfeld Süd und Ruhrort-Hafen. Daneben standen für den Güterzugverkehr 307 Lok Reihe 50, 98 Lok Reihe 55^{25}, 30 Lok Reihe 56^{2} und 92 Lok Reihe 57^{10} zur Verfügung, nicht zu vergessen die zehn Kondenslok der Reihe 52 des Bw Wedau.

Der Bestand sank von 79 am 20. Oktober 1951 auf 67 am 15. Mai 1952.

Die Liste des Bestandes vom 31. Dezember 1952 hat die Abschrift einer Uralt-Liste zur Grundlage, die in den sechziger Jahren kursierte. Ich habe sie an Hand der vollständig bekannten Essener Nachkriegs-Lokkartei berichtigt. Es ergeben sich 70 Betriebslok und 37 z-Lok.

Dortmund Vbf (20 + 1 z)
56 2388z 2474 2576 2594 2648 2664 2678w 2686 2705 2751 2779 2784 2785 2790 2840 2847 2867 2901 2902 2903 2909
Duisburg Ruhrort Hafen (14 + 10 z)
56 2075z 2188z 2277z 2291z 2327z 2330z 2333z 2391 2407z 2434 2453z 2465 2478 2584 2598 2637 2665 2668 2699 2741z 2793 2799 2852 2873
Essen Hbf (2 z)
56 2216z 2256z
Holzwickede (6 + 4 z)
56 2120z 2295z 2298 2305z 2358 2360 2438z 2634 2635 2737
Mülheim (Ruhr)-Speldorf (8 +7 z)
56 2024z 2119 2190z 2304 2317 2346 2364 2437z 2456z 2632z 2680 2681z 2738 2783 2789z
Oberhausen-Osterfeld Süd (1 z)
56 2289z
Oberhausen West (22+ 8 z)
56 2008z 2045z 2236 2267 2319z 2335z 2337 2353 2386z 2416 2420 2424z 2432 2439 2471z 2477 2481z 2575 2585 2602 2654 2658 2659 2673 2734 2743 2839 2850 2880 2897
Wedau (4 z)
56 2288z 2297z 2328z 2446z

Bild 129
56 2477 in ihrem Heimat-Bw Oberhausen West. Die Lok besitzt schon den schwarzen „DB-Keks“ und Metallschilder. Ihr sind noch knapp zwei Jahre bis zur Abstellung am 1. Juni 1959 und zur Ausmusterung am 30. September 1960 vergönnt.

Aufnahme: Karl-Ernst Maedel

Bild 130
56 2839 mit flacher Rauchkammertür am 9. Juli 1961 in ihrem Heimat-Bw Wesel. Sie sollte noch bis 18. November 1962 in Dienst bleiben und schied am 20. April 1963 aus.

Aufnahme:
Gerhard Moll,
Sammlung Helmut Griebl

Bild 131
Führerhausbeschriftung der Oberhausener **56 2658**. Ihre letzte Bremsuntersuchung hatte am 16. Mai 1958 das AW Bremen bei einer L 2-Ausbesserung vorgenommen. 56 2658 wurde am 30. September 1960 mit 869 DB-Lok ausgemustert, darunter 32 56^{20}.

Aufnahme: Karl-Ernst Maedel

Bild 132
Auch **56 2903** (Bw Oberhausen-West) wurde 1959 abgestellt und schied am 30. September 1960 aus. Sie bekam am 7. Februar 1957 Metallschilder, trägt aber noch kein drittes Spitzenlicht.

Aufnahme:
Archiv Bellingrodt,
Sammlung Hansjürgen Wenzel

Bild 133
57 2710 vom Bw Dortmund Vbf im Jahr 1955 in Bochum-Langendreer. Sie wurde am 12. Juni 1959 abgestellt und am 11. Mai 1960 ausgemustert.

Aufnahme:
Manfred van Kampen,
Sammlung Hansjürgen Wenzel

Bild 134
Die am 26. September 1958 abgestellte 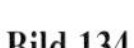**56 2699** war noch im Winter 1961 Heizlok in ihrem Heimat-Bw Soest, wo sie seit September 1950 beheimatet war.

Aufnahme:
Klaus Gerke,
Sammlung Cristoph von Neumann

Bild 135
Für Fotozwecke zog eine Lok der Reihe 50 die **56 2637** im Bw Duisburg-Ruhrort Hafen ins Freie ins Sonnenlicht. 56 2637 wurde am 28. August 1963 von der Ausbesserung zurückgestellt, gesetzeskonform acht Jahre nach der letzten L 3 in Bremen (23. Okt. 1955), und schied am 1. September 1965 als letzte aktive DB-Lok aus.

AUFNAHME:
WILLI MAROTZ,
SAMMLUNG EISENBAHNSTIFTUNG

Der Essener Erhaltungsbestand sank weiter auf 48 am 31. Dezember 1953, 43 am 1. Oktober 1957 und 30 am 1. Oktober 1959.

Am 31. Dezember 1958 waren noch 25 betriebsfähige Lok vorhanden:

Bw Dortmund Rbf
56 2478z
Bw Duisburg-Ruhrort Hafen
56 2584z 2648 2654 2664 2668z 2705z 2738z 2775 2779 2783 2784 2793z 2794z 2873 2901 2902 2909z
Bw Essen Nord
56 2605z
Bw Hamm G
56 2673 2678z 2790z 2850z 2897z
Bw Oberhausen Hbf
56 2477
Bw Oberhausen West
56 2635z 2658 2659 2680 2716 2734 2737 2743 2751 2785 2839 2840 2847 2867z 2880z 2903
Bw Soest
56 2653z 2699z

Am 1. August 1962 waren nur noch sechs Lok der Bw Essen Hbf (56 2783z), Ruhrort-Hafen (56 2637, 2847), Soest (56 2699z), Wanne-Eickel Hbf (56 2784) und Wesel (56 2775) im Bestand. 56 2637 wurde als letzte der BD Essen und auch der DB am 18. Oktober 1963 abgestellt.

Direktion Frankfurt (M)

Im Dezember 1945 zählte die RBD Frankfurt (M) zehn 56^{20}. Die Aufstellung vom selben Tage in dem am 1. Januar 1946 angelegten Lokbestandsbuch nennt 22 abgestellte, die alle aus der RBD Mainz stammten. Sei es, dass sie gegen Kriegsende rechtsrheinisch „in Sicherheit" vor den anrückenden US-Truppen verbracht worden waren, sei es in den ehemals Mainz unterstehenden Bw Darmstadt, Darmstadt-Kranichstein, Mainz-Bischofsheim, Weinheim (Bergstr.) und Wiesbaden. Alle wurden noch 1946 an die RBD Hannover/US-Zone abgegeben.

Direktion Hamburg

Die Direktion Hamburg erfasste im Dezember 1945 dreißig 56^{20}; die entsprechende Liste nennt nur die Betriebsnummern und keine Bw. Am 31. Dezember 1946 besaß die RBD Hamburg 31 56^{20} in den Bw Buchholz Krs. Harburg (2), Hamburg-Eidelstedt (2), Hamburg-Harburg (1), Hamburg-Rothenburgsort (1), Husum (6), Kiel (8), Lübeck (3) und Lüneburg (8). Eine ähnliche Zersplitte-

Bild 136
Einträchtig nebeneinander traf Gerhard Moll eine Umbau-G 8^1 und eine G 8^2 an: 56 671 und **56 2637** am Samstag, 9. September 1961, während der Wochenendruhe in ihrem Heimat-Bw Wesel.

AUFNAHME:
GERHARD MOLL,
SAMMLUNG HANS-JÜRGEN WENZEL

Bild 137
Am 4. Januar 1949 wartet **56 2811** im Bw Lüneburg auf ihren nächsten Einsatz. Nach einer L 4 im RAW Bremen war sie noch drei Jahre in Dienst, bis sie am 18. Oktober 1954 das Ausmusterungsurteil traf.

AUFNAHME: SAMMLUNG GERD NEUMANN

Bild 138, unten
56 2808 im Jahr 1952 in ihrem Heimat-Bw Lüneburg. Rechts erkennen wir eine weitere G 8^2, eine T 9^3 (Reihe 91^3) und eine P 8 (Reihe 38^{10}). 56 2808 wurde am 18. November 1954 abgestellt und am 18. März 1956 ausgemustert.

AUFNAHME: CARL BELLINGRODT, SAMMLUNG HANS JÜRGEN WENZEL

rung ergab die Lokzählung vom 23. März 1947 (unterstrichene: betriebsfähig):

Bw Buchholz (Krs Harburg)
56 2049 2808
Bw Hamburg-Eidelstedt
56 2694 2763 im RAW Glückstadt
Bw Hamburg-Rothenburgsort
56 2894 im RAW Schwerte (Ruhr)
Bw Husum
56 2186 2561 2685 2813 2895 2904
Bw Kiel
56 2137 2165 2199 2242 2427
Bw Lübeck
56 2175 2696 2205 im RAW Schwerte (Ruhr)
Bw Lüneburg
56 2033 2229 2230 2237 2255 2558 2803 2811 2815

Der Erhaltungsbestand wurde am 10. August 1948 auf 26 in den Bw Husum und Lüneburg (je 8) sowie Kiel (10) festgelegt. Am 31. Dezember 1949 waren 31 Lok der Reihe 56^{20} beheimatet in den Bw Hamburg-Altona (2), Husum (1), Itzehoe (2), Kiel (15) und Lüneburg (11). Die Summe von 31 enthält offenbar auch nicht zum Erhaltungsbestand gehörende. Für Kiel liegt der leider nicht druckbare Dienstplan 04 vor, gültig ab 14. Mai 1950. Vier Lok der Reihe 56^{20} legten im Durchschnitt 203 km/Betriebstag zurück. Auf dem Programm standen fast nur Durchgangs- und Nahgüterzüge. Wendebahnhöfe waren Eckernförde, Flensburg-Weiche, Hamburg-Eidelstedt und Neumünster. Montags stand das Personenzugpaar 1258/1267 Kiel – Husum und zurück auf dem Plan. Die 90,4 km nach Husum legte der Zug in zwei Stunden und 36 Minuten zurück. Am Sonntag Abend ging es mit P 1136 nach Lübeck und mit einem Schnellgüterzug nachts zurück.

Der Bestand sank auf je 27 am 1. Juli 1950, am 31. Dezember 1951 und am 31. Dezember 1952. Am 1. Juni 1952 zählten zum Erhaltungsbestand 21 von nur mehr zwei Bw eingesetzte Lok:

Bw Kiel
56 2137 2165 2186 2199 2205 2229 2242 2427 2561 2583 2685
Bw Lüneburg
56 2230 2237 2255 2560 2803 2808 2813 2815 2894 2904

Bis auf fünf wurden alle bis 1954 ausgemustert: Von den fünf schied 56 2813 als letzte dieser Direktion 1959 aus:

56 2137	Lübeck	z 12.07.55	+ 20.11.58
2229	Kiel	z 31.08.55	+ 20.11.58
2242	Lübeck	z 05.01.55	+ 20.11.58
2808	Hmb-Altona	z 18.11.54	+ 18.03.56
2813	Lübeck	z 24.06.58	+ 26.01.59

Bild 139
56 2230 (Bw Lüneburg) am 21. März 1951 im Bereich des Hamburger Hauptbahnhofs. Sie wurde am 18. Oktober 1954 in Hamburg-Harburg aus den Listen gestrichen und im Oktober 1956 in Lübeck-Schlutup zerlegt.

AUFNAHME:
SLG. HANS-JÜRGEN EGGERSTEDT

Direktion Hannover

Die Reichsbahndirektion Hannover verlor im Juli 1945 zunächst die in der Sowjetzone liegenden Dienststellen im Raum Halberstadt/Magdeburg/Stendal. Dafür wurden ihr im Rahmen der Angleichung der RBD-Grenzen an die Grenzen der Besatzungszone die in der britischen Zone gelegenen Strecken und Dienststellen der RBD Kassel zugeschlagen mit den Bw Altenbeken, Holzminden, Kreiensen, Northeim (Han), Göttingen G und P, Ottbergen und Seesen.

Ende Dezember 1945 zählte die RBD Hannover 121 Lok der Reihe $G\,8^2$. Im Jahre 1946 zog die OBL der US-Zone zahlreiche 56^{20} aus Süddeutschland bei der RBD Hannover zusammen. Es trafen ein:

22 Lok von der RBD Frankfurt (M)

56 2034 2084 2093 2253 2284 2306 2308 2325 2367 2369
2372 2374 2375 2378 2385 2399 2461 2596 2601 2666
2856 2868

14 Lok von der RBD Kassel

56 2017 2039 2115 2172 2231 2233 2269 2318 2556 2597
2691 2697 2717 2911

acht von der RBD Nürnberg

56 2027 2223 2235 2435 2450 2463 2892
56 3006

eine von der RBD Regensburg

56 2418

Da die US-Besatzer einen Nordseehafen benötigten, wurde der Raum Bremen/Bremerhaven US-amerikanisch besetzt. Außergewöhnlich war ein überzonaler Loktausch: Die RBD Saarbrücken trat in November 1946 die 56 152 an die RBD Hannover ab und bekam dafür die 56 2233. Intern bestanden bis 1947 eine verwaltungsmäßig getrennte RBD Hannover/britische Zone und RBD Hannover/US-Zone. Ein (hier inhaltlich nicht interessierendes) Schreiben vom 14. April 1947 gliedert die RBD Hannover in „Britische Zone" und „Amerikanischer Korridor". Zahlreiche Lok des Bestandes der US-Zone waren auch in Bw der britischen Zone beheimatet.

RBD Hannover – Brit. Zone 23. März 1947 (67)

Unterstrichene: betriebsfähig

Bw Börßum (20)

56 2081 2146 2148 2153 2161 2183 2197 2283 2300 2404
2577 2587 2750 2761 2826 2834 2842
56 2046 2275 im RAW Schwerte (Ruhr)
56 2715 Bw Goslar L 0-Gruppe

Bw Braunschweig Hbf (11)

56 2041 2752 2773 2836 2841
2042 2245 2650 2758 2823 Pendeldienst Berlin Güterring *
56 2736 Bw Börßum L 0-Gruppe
* Bw Braunschweig hatte auf brit. Anordnung den Berlinverkehr zu bewältigen. Neben diesen fünf 56^{20} waren zahlreiche 42er und 50er eingesetzt.

Bw Braunschweig Vbf (4)

56 2043 2113 2155 2167

Bw Goslar (3)

56 2616 2713
56 2159 Bw Holzminden L 0-Gruppe

Bw Gütersloh (21)

56 2096 2140 2272 2467 2469 2589 2590 2603 2672 2712
2714 2747 2805 2829 2851 2857 2879 2914
56 3005 3008
56 2365 im RAW Schwerte (Ruhr)

Bw Helmstedt (1)

56 2376

Bw Hildesheim (6)

56 2134 2274 2427 2757 2772 2820 2844

Bw Neubeckum (1)

56 2179

RBD Hannover – US-Zone 23. März 1947 (96+1 56^{30})

unterstrichene: betriebsfähig

Bw Bremen Hbf (4)

56 2308 2688 2766 Bremen-Nordenham (so!)
56 2072 im RAW Bremen

Bw Bremen Vbf (3)

56 2374 2582 (beide Wsm.-Lehe)
56 2466 im RAW Bremen

Bild 140
Arg ramponiert sieht **56 2179** aus, die als Rückführlok der RBD Halle in Herford gestrandet war. Trotzdem trägt sie am Führerhaus den Buchstaben „L“ für von den Alliierten benutzte Lok. Von den übrigen Inschriften ist nur „RBD Halle“ noch zu lesen. Sie kam noch mal in Fahrt und war zuletzt 1959 beim Bw Celle in Dienst, bis sie am 7. August 1959 ausschied.

Aufnahme: H. P. Roberts, Sammlung Hans-Jürgen Wenzel

Bild 141
Am 23. Juli 1947 fotografierte J. H. Price in Barsinghausen **56 2463** des Bw Wunstorf (vgl. die Abkürzung WS am Tender). Auf der Bildrückseite notierte er „Filmdefekte, Schwarzmarktfilm aus Wernigerode“. Die Lok war bis 1952 in Lehrte eingesetzt und rollte am 26. Oktober 1956 mit 56 2378 und 2601 zur Zerlegung ins AW Braunschweig.

Aufnahme: J. H. Price, Sammlung Hans-Jürgen Wenzel

Bw Bremen Walle (8)
56 2034 2086 2296 2347 2666 2774
56 2071 Bw Bremen-Walle L 0-Gruppe
56 2613 EAZ 14 Vegesack
Bw Göttingen Vbf (5)
56 2016 2038 2268 2380 2769
Bw Kreiensen (25)
56 2010 2037 2178 2241 2263 2379 2381 2382 2385 2397
2620 2622 2629 2649 2679 2695 2697 2707 2756 2765
2767 2768 2770 2771
56 2482 im RAW Bremen
Bw Nienburg (Weser) (1)
56 2710 (im Bw Göttingen; auf dem Weg zum RAW Bremen)
Bw Nordstemmen (13)
56 2017 2039 2155 2168 2220 2226 2273 2436 2721 2819
2837
56 2809 bei Bremen H gezählt (Überführung)
56 2225 2838 im RAW Bremen
Bw Seelze (4)
56 2251 2316 2597
56 2285 (Bw Wesermünde)
Bw Wesermünde-Lehe (25)
56 2112 2115 2172 2269 2306 2367 2369 2372 2378 2399
2426 2461 2601 2675 2601 2717 2856
56 2084 2093 2325 2375 2596 2868 im RAW Bremen
56 2253 2863 EAZ 14 Vegesack
Bw Wunstorf (8+ 1)
56 2027 2223 2235 2418 2435 2450 2463 2892
56 3006 im RAW Bremen

Am 10. August 1948 (Erhaltungsbestand) besaß die RBD Hannover einschließlich der 56 3008 141 56^{20} in den Bw Börßum (16), Bremen-Walle (9), Göttingen V (38), Goslar (8), Gütersloh (18), Kreiensen (19), Nordenham (11), Nordstemmen (12), Wunstorf (9). Der Bestand sank von 126 (1. Juli 1950) auf 107 (20. Oktober 1951) und von 101 (1. Mai 1952) auf 83 (31. Dezember 1953).

Bild 142 – 56 2275 um 1958 zur Zeit ihrer Beheimatung im Bw Börßum ohne Speisedom, aber bereits mit drittem Spitzenlicht, Metallschildern und „DB-Keks“. Die im August 1921 gelieferte Lok endete am 30. September 1960 in ihrem letzten Bw Uelzen. AUFNAHME: CARL BELLINGRODT, SAMMLUNG JÖRG SAUTER

Bild 143
56 2650 vom Bw Braunschweig Hbf war mit vier anderen 56^{20} und zahlreichen 42ern und 50ern bis zur Berliner Blockade im Berlin-Verkehr eingesetzt. Die Aufnahme zeigt sie mit britischer und US-amerikanischer Flagge im ausgedehnten Verschiebebahnhof Berlin-Tempelhof. Sie schied am 29. Januar 1960 beim Bw Hannover-Linden aus.

AUFNAHME:
WALTER SCHULZE/SAMMLUNG KLAUS HOLL

Bild 144
56 2695 am 4. September 1959 in Olxheim im Leinetal an der Nord-Süd-Strecke zwischen Kreiensen und Northeim (Han). Über 40 Jahre war 56 2695, nur unterbrochen vom Osteinsatz, in Kreiensen beheimatet, bis sie im Januar 1959 kurz vor der Ausmusterung (11. Mai 1960) noch nach Hannover-Linden umbeheimatet wurde.

AUFNAHME:
CARL BELLINGRODT, SAMMLUNG STEFAN CARSTENS

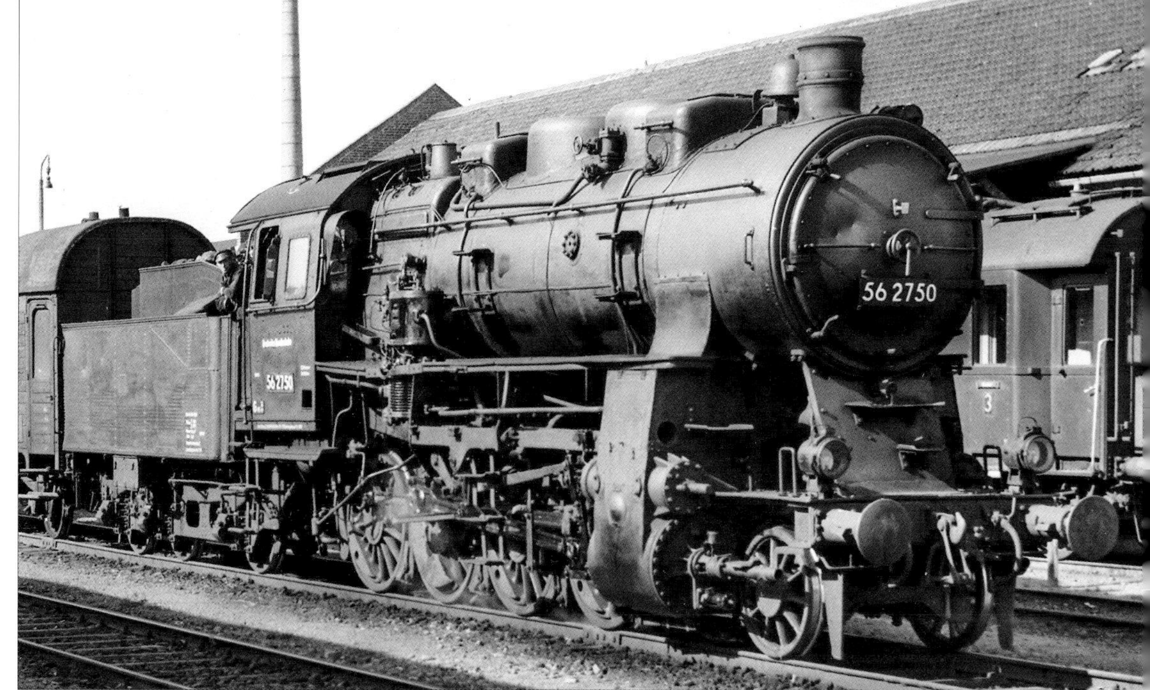

Bild 145
56 2750, geliefert im Januar 1924 an die Rbd Hannover, gehörte lange zum Bw Börßum, wo sie am 26. Januar 1959 ausgemustert wurde. Die Aufnahme entstand vor Mai 1956, als sie noch kein drittes Licht besaß. Sie zeigt die Lok mit vier Aufbauten und durchbohrten Gegengewichten.

AUFNAHME: GROSSMANN/ SAMMLUNG ANDREAS KNIPPING

Bild 146
56 2836 am 2. Mai 1959 auf der Drehscheibe ihres Heimat-Bw Celle. Offenbar trägt sie noch den Schmuck von einer Sonderfahrt zum 1. Mai. Wenig später, am 25. September, wird sie beim Bw Uelzen abgestellt und am 30. September 1960 ausgemustert werden.

AUFNAHME: LOKBILDARCHIV BELLINGRODT/ EK-VERLAG

Während der Stern der 56^{20} in anderen Direktionen rapide sank, waren am 22. Mai 1955 immer noch 78 Lok zugeteilt an zehn Dienststellen:

Bw Bielefeld
56 2140 2179 2268 2710 2712 2756 2767 2805 2851
Bw Börßum
56 2046 2081 2161 2183 2275 2285 2300 2590 2613 2750 2857 2863
Bw Celle
56 2774
Bw Goslar
56 2616 2713 2714 2715 2717 2757
Bw Göttingen Vbf
56 2178 2253 2836
Bw Hannover-Linden
56 2016 2017 2042 2197 2225 2347 2450 2482 2582 2587 2819 2844 2879 2911 2914
Bw Hildesheim
56 2096 2231 2241 2273 2365 2435 2467 2603 2721
Bw Kreiensen
56 2272 2397 2596 2695 2696 2707 2765 2768 2770 2856
Bw Lehrte
56 2466
Bw Nienburg (Weser)
56 2038 2071 2092 2172 2269 2283 2308 2325 2461 2650 2688 2766

Daneben bewältigten den Güterverkehr 70 Lok R 41, 60 Lok R 44, 296 Lok R 50, 17 Lok R 52 (Nachbaulok Bw Löhne), 88 Lok R 55^{25} und 13 Lok R 57^{10} (alle Bw Celle).

Im August 1953 kamen 56 2044, 2191, 2248, und 2825 von der BD Mainz hinzu. Im Jahr 1955 wechselten fünf 56^{20} von der BD Münster zur BD Hannover: 56 2276, 2278, 2312, 2595 und 2711 und 1956 drei von der BD Essen: 56 2030, 2213, 2860.

Bild 147 (oben) – Blick in das kleine Bw Börßum im Mai 1958: Man erkennt von links **56 2275**, **56 2300**, **56 2700** und 94 1545. Im Oktober 1958 wurde es Außenstelle des Bw Braunschweig.
AUFNAHME:
CARL BELLINGRODT/EK-VERLAG

Bild 148 (Mitte) – 56 2482 (Bw Hannover-Linden) am 1. Mai 1957 in Hannover Hbf. Sie wurde am 17. September 1959 beim Bw Goslar abgestellt und am 30. September 1960 ausgemustert.
AUFNAHME: JOACHIM WOHLFARTH

Bild 149 (links) – 50 1525 (Bw Hamm) leistet im Herbst 1952 in Hamm einer G 8^2 Vorspann vor einem Erzzug aus OOtz-Wagen. Angeblich handelt es sich um 56 2365; diese gehörte damals aber der ED Hannover.
AUFNAHME:
C. BELLINGRODT, SLG. JÖRG SAUTER

Bild 150
Sicher nicht überfordert war **56 2715** (Bw Göttingen P) am 30. April 1961 mit ihren drei x-Wagen in Göttingen. Sie stand noch bis Juli 1961 in Dienst und wurde am 2. November 1961 ausgemustert.

AUFNAHME: HELMUT GRIEBL

Bild 151
56 2197 (Bw Hannover-Linden) mit ebener Rauchkammer-Tür am 27. Juli 1956 in Hannover Hbf. Hans Schmidt hat vermerkt: Personenzug Weetzen – Hannover, Ank. 15:54 Uhr Gleis 2. Die Lok schied am 26. Januar 1959 aus. Das Bild zeigt noch eine Rarität: heute bei der Bahn so verschwundene Fahrzeuge wie Gepäckkarren.

AUFNAHME: HANS SCHMIDT, SAMMLUNG HANS-JÜRGEN WENZEL

Der Erhaltungsbestand belief sich am 1. Oktober 1957 auf 80 und am 1. Januar 1959 noch auf 33 Lok. Zuletzt waren die 56^{20} auf zahlreiche Bw, teils als Einzelstücke, verteilt: Bielefeld, Bremen V, Goslar, Göttingen P, Hannover-Linden, Kreiensen, Nienburg und Uelzen; Uelzen war auch das letzte Einsatz-Bw für die 56^{20}. 1959 wurden fünf (56 2140, 2435, 2717, 2844, 2863) und 1960 eine (56 2765) an die BD Köln abgegeben. Die letzten Abstellungen geschahen 1960 meist beim Bw Uelzen. Als letzte schieden am 2. November 1961 fünf Lok aus:

56 2312	Bremen V	z 27.04.60
56 2711	Nienburg	z 20.04.59, ab 23. Sept. 1959 Heizlok
56 2715	Göttingen P	z 01.09.59
56 2768	Celle	z 03.06.59
56 2879	Hannover-Linden	z 31.05.59

Letzte betriebsfähige 56^{20} der BD Hannover war die am 8. Mai 1960 abgestellte Uelzener 56 2253. Sie schied allerdings schon am 30. September 1960 aus.

Direktion Karlsruhe

Im Dezember 1945 zählte die RBD Karlsruhe angeblich drei 56^{20}, hat aber offenbar andere Lok (Reihe 56^{2} oder poln. Fremdlok?) mitgezählt. Die gesamten seit August 1945 erhaltenen Lokverwendungsnachweise der Direktion enthalten nur eine einzige 56^{20}: **56 2371**, eine Lok der RBD Mainz, war abgestellt auf Bf Marstetten und wurde vom Bw Aulendorf erfasst. Sie war im Juni 1946 noch im Aulendorfer Bestand und wurde der Direktion Mainz 1946 oder 1947 zurückgegeben.

Direktion Kassel

Hier spielte die $G\,8^{2}$ nach 1945 kaum eine Rolle mehr. Am 15. Juni 1945 zählte die RBD Kassel 21 Lok im US-amerikanisch besetzten Gebiet sowie ebenfalls 21 Lok (und 56 3003) im britisch besetzten Gebiet. Fünf weitere werden unter Schadrückführlok (SRF) und zwei unter „vermisst“ geführt:

US.-Zone

Bebra

56 2158 2244 2724 2816
56 3003

Eschwege West

56 2263 2603z 2717

Kassel

56 2177z 2233 2319 2450 2556 2597 2691 2697
56 2269 abg. RAW Kassel

Treysa

56 2039 2052 2115 2172 2776

brit. Zone

Bw Altenbeken

56 2272 SRF

Bw Bestwig

56 2055 SRF

Bw Göttingen G

56 2038 2268 2380z 2629 2769

Bw Kreiensen

56 2037 2178 2241 2379 2381 2382 2385 2695 2765 2767 2768 2770 2771
56 2010 2620 2649 alle SRF
56 2146 2764 beide vermisst

Bw Paderborn

56 2901

Bw Soest

56 2266z

Bw Warburg (Westf)

56 2589

Die in der britischen Zone gelegenen Dienststellen gelangten alsbald im Rahmen der Angleichung der RBD-Bezirke an die Besatzungszonen zu den RBD Essen, Hannover und Wuppertal. Im Dezember 1945 zählte die RBD Kassel 23 Lok; leider fehlt eine nach Bw geordnete Liste. Die Schadlok 56 2177 (Bw Kassel) wurde am 11. März 46 ausgemustert. 14 Kasseler wurden lt. St 11a der RBD Hannover im Jahre 1946 an diese abgegeben. Die Herkunft der 56 2017, 2231 und 2911 ist unklar, da sie nicht in den bekannten Kasseler Lokzähllisten erscheinen:

56 2017 2039 2115 2172 2231 2233 2269 2318 2556 2597 2691 2697 2717 2911

Im Juli 1946 standen noch acht Schadlok in Bebra (56 2158, 2244, 2724, 2816, 3003) Eschwege West (56 2693), Frankenberg (56 2776) und Treysa (56 2052).

56 2693 wurde am 26. November 1946 ausgemustert, 56 2766 am 13. Dezember 1950 und die übrigen sechs am 14. November 1951.

Direktion Köln

Die Direktion Köln zählte lt. Statistik im Dezember 1945 60 Lok der Reihe 56^{20}. Die Betriebsnummernliste nennt allerdings 61 Lok einschließlich der drei Lübeck-Büchener Lok 56 3001, 3004 und 3007, enthält aber keine Bw-Aufteilung. Sie waren beheimatet in Aachen West, Bonn, Düren, Euskirchen, Herzogenrath, Hohenbudberg, Köln-Kalk Nord, Köln-Nippes, München Gladbach und Troisdorf. Der Lokbestand im März 1947 lässt eine Konzentrierung auf die Bw Bonn und Troisdorf erkennen. Bonn war wichtiges Bw auf der Abfuhrstrecke vom Hafen Antwerpen –Aachen – Düren – Euskirchen – Bonn – Koblenz in Richtung Süden. Der Knoten Köln war wegen der zerstörten Rheinbrücken noch nicht voll funktionsfähig. Der durch Sprengung beschädigte Großkönigsdorfer Tunnel zwischen Düren und Köln legte zusätzlich den Verkehr lahm. Die Bw Düren und Euskirchen waren stark zerstört. Und Troisdorf war mit Wedau, Gremberg und Oberlahnstein an der Kohlenabfuhr aus dem Ruhrgebiet auf der rechten Rheinstrecke beteiligt, bediente aber auch den Güterverkehr auf der Siegstrecke bis Betzdorf bzw. Siegen.

Lokbestand am 23. März 1947 (62)

unterstrichene: betriebsfähig

Bw Bergheim (Erft)

56 2098 2733

Bw Bonn

56 2022 2102 2104 2105 2118 2124 2250 2431 2559 2586 2600 2619 2627 2674 2791 2876 2877 2882
56 3004
56 2051 im RAW Schwerte (Ruhr)
56 2085 im RAW Köln-Nippes
56 2257 im RAW Mülheim (Ruhr)-Speldorf

Bw Euskirchen

56 2080 2082 2193 2323
56 3007

Bw Gremberg

56 2031 2101 2106 2108 2881
56 3001

Bw Herzogenrath

56 2062 2187 2262 2307 2373 2398

Bw Köln-Nippes

56 2787 im RAW Schwerte (Ruhr)

Bw Troisdorf

56 2055 2056 2058 2064 2067 2072 2095 2103 2109 2111 2261 2303 2324 2350 2395 2433 2460 2684 2861
56 2097 im RAW Schwerte (Ruhr)
56 2311 2452 im RAW Jülich

Zwei Kriegsschadlok wurden ausgemustert: 56 2647 am 29. April 1946 und 56 2395 am 20. September 1948.

Am 20. Januar 1948 besaßen fünf Bahnbetriebswerke insgesamt 58 56^{20} in den Bw Bonn (16), Euskirchen (5), Herzogenrath (4), Neuß (14) und Troisdorf (19).

Verteilung im November 1949 (52)

Bw Bonn

58 2022 2051 2085 2105 2106 2111 2118 2124 2193h 2257 2373h 2559 2674 2787h 2791 2876 2877

Bw Kleve

56 2350 2373 2699

Bw Troisdorf

56 2031 2055 2056 2058 2062 2064 2067 2072 2080 2095 2097 2101 2102 2103 2104 2108 2109 2184 2252 2261 2262 2303 2311 2324 2359 2398 2433 2452 2586 2728 2861 2889

Im Dezember 1949 kamen elf Lok von der RBD Essen

56 2021 2030 2211 2213 2320 2409 2621 2633 2656 2671 2725

1950 folgten von der RBD Essen

56 2131 2215 2315 2316 2406 2413 2657 2740

Bis Juni 1950 stieg der Bestand auf 78 an: Bw Bonn (26), Kleve (9), Troisdorf (35), Rheydt (8). Zuständiges Ausbesserungswerk war das EAW Mülheim (Ruhr)-Speldorf. Im August trafen 56 2141 und 2800 von der ED Mainz ein. Doch die 56^{20} wurde auch hier mehr und mehr durch 50er und 55^{25} verdrängt, und der Bestand sank rasch auf am 24 am 31. Dezember 1953 und nur mehr elf am 1. Oktober 1957. Die letzten 56^{20} des Bw Troisdorf

Bild 152
56 2303 am 5. April 1958 auf der Drehscheibe ihres Heimat-Bw Rheydt, das damals über 20 56^{20} beheimatete. Am 23. Mai 1956 hatte 56 2303 Metallschilder und das dritte Licht erhalten. Die im November 1921 gelieferte und am 15. Februar 1961 abgestellte Lok wurde am 8. November 1961 nach fast 40 Betriebsjahren ausgemustert.

Aufnahme:
Hans Schmidt,
Sammlung Hans-Jürgen Wenzel

Bild 153
56 2674 als Wendelok des Bw Bonn im Jahre 1950 oder 1951 vor dem längst verschwundenen Schuppen des Lokbahnhofs Remagen. Sie hat eine ebene Rauchkammertür und noch nicht wieder einen Vorwärmer. Sie war nach der Ausmusterung beim Bw Kleve (18. Oktober 1954) noch bis mindestens August 1966 Heizlok in Helmstedt. Links im Hintergrund wartet eine 50er mit ihrem Güterzug auf Ausfahrt Richtung Koblenz.

Aufnahme:
Lichtbildstelle der BD Köln,
Sammlung Eisenbahnstiftung

Bild 154
56 2452 (+ 26.04.62) und **56 2861** (+ 02.11.61) in ihrem Heimat-Bw Rheydt um 1950. Auf dem Schild vor 56 2861 steht „Qualmen verboten".

Aufnahme:
Carl Bellingrodt,
Sammlung Hans-Jürgen Wenzel

Bild 155 – 38 1543 (Bw Köln-Bbf), **56 2433** (Bw Troisdorf) und 50 796 (Bw Darmstadt-Kranichstein) als Wendelok 1951 im Bw Oberlahnstein. Zugleich ein Beispiel der wechselnden Nummernschilder: 38 1543 mit Messingschildern, 56 2433 mit **Farbanstrich** der vierziger Jahre und 50 796 mit neuem DB-Metallschild. Die gezeigte 56 2433 wurde am 2. November 1961 ausgemustert. Bw und Verschiebebahnhof Oberlahnstein wichen inzwischen einem Neubaugebiet. AUFNAHME: CARL BELLINGRODT/EK-VERLAG

AW	Aachen West	Hochn	Hochneukirch	Nm	Neuß Mitte
Br	Brüggen	Jü	Jüchen	Odenk	Odenkirchen
Dalh	Dalheim	Kaki	Kaldenkirchen	Rath	Ratheim
Erk	Erkelenz	Kr G	Krefeld Gbf	Rh P	Rheydt Pbf
Ger	Köln-Gereon	Li	Lindern	Vie	Viersen
Hobu	Hohenbudberg	MGl	Mönchengladbach		

Deutsche Bundesbahn

BD Köln
MA Krefeld
Bw Rheydt

Laufplan der Triebfahrzeuge

gültig vom 1. Juni 1958 an
ungültig vom ... 19... an

Dpl Nr	Baureihe	Tag	0–24 Uhr	Kilometer
23	56^{20}	1	Vie 9060 · 15349 Abf 15359 · 7403 · Hobü 12684 · Krefeld · 12584 Kr.G. 9409 · Hobü · 9418	148
		2	14424 Dalh · 2487 MGl · Rz. · 15347 · 12404 Hochn. 12398 · 7325 Vie	195
		3	Vie 7431 Hobü · 7436 Kaki 12700 · 7408 AW 12947 Erk. · 9069 · 7443 Hobü	280
		4	Hobü 7432 · 9024 Rath · Dalh 16160 · Rath. 9081 · 12928 Dalh. 16164 Dalh 9030 Rath 9043	261
			ges	884
			Km/Loktag	221
24	56^{20}	1	9087 · 8860 Hochn · Hochn 8861 · MGl. · 12691 Vie · 8864 Hochn 12399 MGl. · 5300 · Ger.	195
		2	5301 · MGl. 12655 Vie. · 7324 · 7321 · Vie 12972 Odenk. · 8867 · Vie 12720	264
		3	9060 · Li · 9175 · Hpinsb. 13909	223
		4	12937 Vie 9461 · Br. 9462 · Vie 15339 Vie 12656 · 9005 MGl 12905 Nm · 9006	150
		5	9001 · Neuss · 9002 · 9026 Rath. · 9035 · 9086 Rath. 9087	197
				1029
			Km/Loktag	206
				147

948 I 01 Laufplan der Triebfahrzeuge A 4 q (Transparent) Mainz VI 56 8000 M

Bild 157
56 2097 restauriert im Jahr 1953 in ihrem Heimat-Bw Troisdorf, das ab 1955 nach und nach zu Gunsten von Gremberg aufgegeben wurde. Auch 56 2097 überlebte in Rheydt bis zur Ausmusterung am 26. April 1962.

AUFNAHME: ROBIN FELL, SAMMLUNG EISENBAHNSTIFTUNG

Bild 158
Kurz vor der Abstellung traf Ulrich Montfort am 6. Juli 1961 Lok **56 2717** im Bw Rheydt an. Die am 12. Juli 1962 ausgemusterte Lok zeigte sich mit Leichtradsatz, durchbohrten Gegengewichten, ebener Rauchkammertür und „DB-Keks“. Sie diente anschließend noch als Heizlok in Aachen.

AUFNAHME: ULRICH MONTFORT

wechselten 1956 zum Bw Rheydt (56 2072, 2303, 2398, 2733). Im Januar 1959 waren zehn im Erhaltungsbestand verblieben.

Im März 1958 blieben 22, 20 davon im Bw Rheydt, beheimatete Lok übrig:

56	2031	2062	2072	2085	2095	2097	2108	2124	2141	2303
	2320	2350	2398	2433	2452	2621	2627	2633	2671	2861

56 2111 war im März 1958 in Neuß beheimatet, 56 2881 in Mönchengladbach.

Alte Rheydter Lokführer lobten die 56^{20}: *Da konnte man alles anhängen, sie zog alles einfach weg.*

1959 kamen nochmals fünf Lok von der BD Hannover hinzu (56 2140, 2435, 2717, 2844, 2863), gefolgt 1960 von 56 2765; alle zum Bw Rheydt. Sie konnten aber nur die Abstellungen ausgleichen. 1959 wurden elf, 1960 sechs, 1961 neun und 1962 eine abgestellt. In Rheydt wurde die 56^{20} durch die $G\,8^1$ (Reihe 55^{25}) ersetzt. Die letzte Kölner 56^{20} war 56 2863. Fast alle (nicht alle) warteten auf dem großen Lokomotivfriedhof in Hohenbudberg auf ihre Abfuhr zur Zerlegung. Bleibt als Facette nachzutragen, dass 56 2072 am 17. September 1961 als Heizlok nach Mönchengladbach umgesetzt, aber dort schon am 29. September 1961 z gestellt wurde. Von den letzten sieben Kölner 56^{20} waren 56 2031, 2072, 2140 und 2452 in Hohenbudberg abgestellt.

56 2031	Bw Rheydt	z 02.09.61	+ 26.04.62
2072	Bw M.-Gladbach HL	z 29.09.61	+ 20.10.62
2097	Bw Rheydt	z 31.05.61	+ 26.04.62
2140	Bw Rheydt	z 09.07.61	+ 26.04.62
2452	Bw Rheydt	z 23.06.61	+ 26.04.62
2717	Bw Rheydt	z 06.07.61	+ 12.07.62
2863	Bw Rheydt	z 15.07.62	+ 20.10.62

Bild 159 – Zwanziger oder fünfziger Jahre? Die von Alzey kurz zuvor nach Oberlahnstein versetzte **56 2141** am 23. Juli 1949 mit einem Güterzug von Bingerbrück nach Koblenz in Rheindiebach. Auch sie wurde fast 40 Jahre alt und wurde am 2. November 1961 in Rheydt ausgemustert. AUFNAHME: CARL BELLINGRODT, SAMMLUNG HANS-JÜRGEN WENZEL

Der Lokfriedhof Hohenbudberg
Lok am 15. Sept. 1961 notiert von Hans Schmidt

24 070
38 2150 2617 2627 2696 2897 3002 3066 3109 3321 3403 3748 3752 3780
50 1114 1115 1121 1145 1146 1147 1193 1893 1894 1895 1941 1947 1958 1960 2235 2943
55 2834 363 4053 4074 4388 4578 4757 4870 5262 5360 5555
56 785
2108 2118 2124 2140 2141 2398 2433 2435 2452 2621 2765 2844 2861 2876
91 632 958 1301 1382 1491
92 501 541 566 567 581 681 702 742 756 777 783 827
93 518

Direktion Mainz

Der Neubeginn brachte der RBD Mainz im Rahmen der Angleichung der RBD-Grenzen an die Zonengrenzen im Norden den Zugang des Bw Altenkirchen (Westerwald) von der RBD Frankfurt (Main), Engers, Koblenz-Lützel, Koblenz-Mosel, Kreuzberg (Ahr) und Linz (Rhein) von der RBD Köln sowie im Süden den Abgang der rechtsrheinisch gelegenen Bw Darmstadt, Darmstadt-Kranichstein, Mainz-Bischofsheim, Weinheim (Bergstr) und Wiesbaden an die RBD Frankfurt. 1946 folgte von der RBD Frankfurt das Bw Betzdorf. Die Alliierten waren übereingekommen, dass Lokomotiven und Wagen ohne Rücksicht auf die bisherige Zugehörigkeit der Direktion gehörten, in deren Bereich sie sich befanden. Daher ging die RBD Mainz (und auch der RBD Saarbrücken) zahlreiche Lok verlustig, nicht nur in den rechtsrheinischen Bw beheimatete, sondern auch solche linksrheinischer Bw, die im März 1945 vor Sprengung der Rheinbrücken ins Rechtsrheinische „in Sicherheit" gebracht worden waren. Insgesamt gingen den der RBD Mainz verbliebenen Bw sieben 56^{20} verloren:

56	2285	Bw Bingerbrück	abg. Darmstadt-Ost
	2369	Bw Neustadt (Haardt)	abg. Reinheim (Beschusslok)
	2378	Bw Mainz	abg. Goddelau
	2399	Bw Alzey	abg. Darmstadt-Ost
	2457	Bw Worms	abg. Bensheim (lahmgelegt)
	2856	Bw Neustadt (Haardt)	abg. Abteischneise (Beschusslok)
	2862	Bw Neustadt (Haardt)	abg. Weinheim (Beschusslok)

Im Dezember 1945 zählte die RBD Mainz 33 Lok R 56^{20}. Der Lokzuteilungsplan vom 17. Dezember 1945 (21 Kml Bl) nennt 27 (unterstrichene: betriebsfähig):

Bw Altenkirchen
56 2579 2599
Bw Alzey
56 2078 2129 2141 2145 2191 2203 2207 2259 2287 2449 2458 2605 2797 2825 2860 2887
(Die wohl irrig mehrfach, aber später nicht mehr genannte 56 2827 ist eine DR-Lok und wurde sicher mit der 56 2887 verwechselt.)
Bw Betzdorf
56 2615
Bw Koblenz-Lützel
56 2117 2345 2610
Bw Neustadt (Haardt) vom Bw KoLü abzugeben
56 2142 2144 2370 2455 2464 2782

Bild 160
56 2370 des Bw Neustadt (Weinstr) fährt um 1952 aus Neustadt mit einem Eilzug ostwärts in Richtung Ludwigshafen (Rhein) oder Landau (Pfalz) aus. Auch für sie schlug am 18. Oktober 1954 die Abschiedsstunde.

Aufnahme: Carl Bellingrodt, Sammlung Hans-Jürgen Wenzel

Bild 161
56 2455 vom Bw Neustadt (Weinstr.) im Jahre 1954 bei Neustadt mit einem Arbeitszug bei der Verlegung von Betonschwellen. Obwohl die Lok erst am 15. August 1953 in Bremen eine L 2-Ausbesserung erhalten hatte, ereilte sie am 12. Mai 1955 das Ausmusterungsurteil.

Aufnahme: Lichtbildstelle der BD Frankfurt (M), Sammlung Hans-Jürgen Wenzel

56 2605 (Bw Alzey) musste ab 4. Februar 1946 kurzfristig Lokhilfe für Hausbergen (im Elsass) leisten. Und im April 1946 kehrten sechs weitere Lok zurück, die bei der französischen Ostregion kurzfristig Lokhilfe geleistet hatten: 56 2132 (Alzey/leihweise in Conflans), 2457 (Neustadt/Thionville), 2862 (Koblenz-Lützel/Thionville) sowie drei Lok der Reihe 56^2.

Am 24. April 1946 wurde die Schadlok 56 2142 abgesetzt. Die am 5. Oktober 1944 auf z stehende Lok war durch Kriegseinwirkung im Bf Eisenberg schwer beschädigt. Sie wurde im Bw Neustadt (Hardt) am 25. Juli 1946 zerlegt. Rahmen, rechter Zylinder, Triebwerksteile); andere Teile wurden dem Ersatzteillager „in Koblenz“ zugeführt. Am 29. September 1950 folgten 56 2203 und 56 2599. Auf Anordnung des DOCF (französische Aufsichtsbehörde) hieß die RBD Mainz ab 31. Juli 1946 ED Mainz. 56 2371, eine Lok der Dir. Mainz, war abgestellt im Bw Aulendorf/Bf Marstetten. Sie war im Juni 1946 noch im Aulendorfer Bestand und wurde der Dir. Mainz 1946 oder 1947 zurückgegeben. Am 1. Oktober 1946 waren 30 56^{20} zugewiesen: 19 im Bw Alzey, zwei im Bw Betzdorf, eine im Bw Altenkirchen (Westerwald), zwei im Bw Koblenz-Lützel und sechs im Bw Neustadt (Haardt). 1946 kamen Lok von der ED Saarbrücken hinzu: im September 1946 56 2201, 2132 und im Oktober 1946 56 2003, 2044, 2138, 2185, 2290, 2855 und 2874; letztere besaß noch Gasbeleuchtung.

Ab November 1946 waren kurzfristig – nicht gleichzeitig – 56 2290, 2370, 2455, 2457 und 2464 beim Bw Simmern (Hunsrück) beheimatet. Bei Bildung der Saarländischen Eisenbahnen und Wiederbegründung der ED Trier kamen am 1. April 1947 dreizehn weitere 56^{20} zur ED Mainz mit den beiden Bw:

Kaiserslautern
56 2019w 2047w 2107 2218 2233 2243 2249 2476w 2625
Zweibrücken
56 2015 2366 2727 2848.

Am 26. April 1948 zählten 55 zum Bestand, am 1. Juli 1950 41. Kurzfristig beheimatete ab 1949 auch das Bw Oberlahnstein 56^{20}, so am 31. Mai 1949 56 2141, 2191, 2464, 2476 und 2760, später auch 56 2449 und 2579.

Ausbesserungen nahmen u.a. die Bw Alzey und Kaiserslautern, das EAW Kaiserslautern und die Firma Jung, Jungenthal, vor, bis 1950/1951 auch die Mainzer 56^{20} wieder in Bremen unterhalten werden konnten.

Bild 162 – Nur kurz waren 56^{20} im Bw Linz (Rhein) eingesetzt, bis sie 1953 durch Umbau-G 8^{1} (Reihe 56^{2-8}) ersetzt wurden. **56 2248** war von Alzey 1949 hierher versetzt worden, wurde sogar schon am 4. Oktober 1951 abgestellt und im August 1953 nach Hildesheim versetzt, wo sie am 18. Oktober 1954 ausschied. AUFNAHME: CARL BELLINGRODT/EK-VERLAG

Deutsche Bundesbahn

ED Mainz
MA Oberlahnstein
Bw Linz/Rh.

Laufplan der Triebfahrzeuge

gültig vom 17. 5. 1953 an

1 DplNr	2 Baureihe	3 Tag	4 (0–24 Uhr)	5 Bem
21	56^{20-30}	1	30 8402 51 · En · 9 8404 9 · Ol · 42 5387 50 · 20 8419	
		2	8419 10 · Trs · 32 8414 50 · 26 5384 48 · Ol	
		3	Ol · 11 8403 40 · Rgd Nwd · 35 8405 38 · 5 5385 59 · Trs · 17 8497 44 · KN · Gm	
		4	Gm · 11 6732 20 · Ol · 48 5383 32 · 13216 48 56 · Hö · 15235 32 45 · 49 6736 16 · Ol	
		5	Ol · 13245 26 50 · En · 59 6705 58 · KN · 30 39 · Gm · 36 6734 2 · Ol · 51 5239 24 · Kol · 13 25236 5 · Ol · 21 6737 34	161 Km/Tag

Bild 163 – Laufplan für fünf doppelt besetzte 56^{20} des Bw Linz (Rhein) im Sommerfahrplanabschnitt 1953. Es bedeuten En = Engers, Gm = Gremberg, Hö = Bad Hönningen, KN = Köln-Nippes, Kol = Koblenz-Lützel, Ol = Oberlahnstein, Rgd Nwd = Rangierdienst Neuwied und Trs = Troisdorf.

Bild 164 – Laufplan für vier doppelt besetzte 56^{20} des Bw Neustadt (Weinstr) im Sommerfahrplanabschnitt 1953. Es bedeuten Ebf = Eisenberg, Ef = Einsiedlerhof, Fek = Frankeneck, Gr = Grünstadt, La = Landau (Pfalz), Lrb = Ludwigshafen Rbf. Der Tag 1 des Dienstplans ist verzeichnet. Die Lok kam mit Zug 9850 nach Lambrecht (nicht Fek), bediente dort mehrere Anschlüsse und fuhr um 11.12 Uhr leer nach Neustadt zurück. Von dort ging mit Zug 9852 nach Frankeneck und mit Zug 9851 zurück nach Neustadt.

Deutsche Bundesbahn

ED Mainz
MA Ludwigshafen
Bw Neustadt

Laufplan der Triebfahrzeuge

gültig vom 17. 5. 1953 an

1 DplNr	2 Baureihe	3 Tag	4 (0–24 Uhr)	5 Bem
21	56^{20-22}	1	La · 2 9927 17 · 5 9850 20 · FeK · 16841 · 16843 · 16842 · 16851 · 12 42 · 11 9852 42 · 16846 · 46 · 857 · 847 · 848 · 9861 21 · 15 9928	
		2	9928 24 · La · 48 513 15 · 4 9713 47 · Gr · 6 1866 3 · 20 16849 25 · 24 9839 67 · Lrb	
		3	Lrb · 38 9838 44 · 26 16830/3 · 13821 · 7 14 30 · 18 1867 26 · Gr · 13804 · 35 52 · 48 7506 17 · Ef · 49 7503 40 · Gr	
		4	Gr · Ms 20 8390 39 · Gr · Rgd 8 · 18 9706 40 · Ebf · 52 9707 18 · 55 9712 34	153 Km/Tag

Bild 165 – Eine Oberlahnsteiner 56^{20} am 24. Juli 1949 vor dem linksrheinischen Niederheimbach südlich Bacharach. Der Güterzug fährt rheinabwärts. Gar nicht so selten war damals ein Urlaub im Zelt auf einem Frachtkahn. Bellingrodt hat die Lok auf 56 2001 „getauft", diese verblieb aber bei der DR. AUFNAHME: CARL BELLINGRODT, SAMMLUNG STEFAN CARSTENS

Untersuchungen von SWDE-Lok bei Jung, Jungenthal
Ermittelt von Stefan Lauscher
Angegeben sind bei Jung notierte Bw und das Ausgangsdatum. Das genannte Bw ist nicht immer jenes, zu dem die Lok nach der Untersuchung abgegeben wurde. Hermeskeil (56 2014) gehörte zur ED Trier, die übrigen Lok zur ED Mainz.

Lok	Bw	Stufe	Datum
56 2014	Hermeskeil	L 4	06.10.48
2015	Zweibrücken	L 4	15.02.49
2044	Alzey	L 4	09.02.49
2117	Alzey	L 3	19.10.49
2138	Neustadt (Haardt)	L 4	30.07.49
2141	Alzey	L 3	26.04.49
2144	Neustadt (Haardt)	L 4	24.12.48
2145	Alzey	L 4	23.02.49
2207	Alzey	L 4	12.08.49
2233	Kaiserslautern	L 3	31.01.49
2259	Alzey	L 4	31.12.49
2290	Neustadt (Haardt)	L 4	09.09.48
2366	Zweibrücken	L 4	26.04.49
2370	Neustadt (Haardt)	L 4	17.08.49
2371	Kaiserslautern	L 4	23.07.49
2449	Alzey	L 4	27.06.49
2457	Ludwigshafen	L 3	24.01.49
2464	Neustadt (Haardt)	L 3	11.04.49
2476	Kaiserslautern	L 4	13.04.49
2579	Neustadt	L 4	08.07.49
2605	Cochem	L 4	22.08.49
2610	Koblenz-Mosel	L 3	31.08.49
2615	Koblenz-Lützel	L 4	25.11.48
2625	Kaiserslautern	L 4	23.03.49
2667	Cochem	L 3	16.02.49
2727	Kaiserslautern	L 3	31.05.49
2797	Alzey	L 4	10.01.49
2825	Alzey	L 3	15.06.49
2848	Zweibrücken	L 4	13.06.49
2860	Alzey	L 3	03.05.49
2862	Neustadt (Haardt)	L 4	12.09.49
2887	Alzey	L 4	23.07.48

Der Erhaltungsbestand am 4. August 1950 nennt 41 Lok:

Bw Alzey
56 2078 2129
56 2050 2287 beide z (Stocklok; 2287 abg mit Bombenschaden in Gau Odernheim).
Bw Kaiserslautern
56 2019 2107 2218 2233 2243 2371 2458 2615 2625 2874
Bw Linz (Rhein)
56 2141 2191 2207 2248 2449 2464 2476 2579 2825 2887
Bw Ludwigshafen (Rhein)
56 2132 2259
Bw Neustadt (Weinstr)*
56 2138 2144 2145 2290 2345 2370 2455 2457 2782 2797 2855 2860
Bw Zweibrücken
56 2015 2044 2366 2727 2848
** Ab 18. Sept. 1950 wieder Neustadt (Weinstr) genannt.*

Ab 1951 erfolgten rasch auch hier die Abstellungen der am 20. Oktober 1951 noch vorhandenen Lok. In Alzey und Linz kam bald Ersatz in Form der Umbau-G 8[1] (Reihe 56^{2-8}), in Neustadt (Weinstr) in Form der T 12 (Reihe 74^4). Im März 1952 legten die 56^{20} der ED Mainz 212 km je Lokbetriebstag zurück und verbrauchten 19,5 t Kohle je 1000 Lok/km.

Am 15. Mai 1952 war schon keine mehr im Mainzer Erhaltungsbestand. Am 28. Mai 1953 waren noch vorhanden 35 in Kaiserslautern (4, alle z), Linz (8; davon 7 betriebsfähig), Neustadt (14, davon 5 betriebsfähig) und Zweibrücken (9, davon 3 betriebsfähig). Im August 1953 wurden vier (56 2044, 2191, 2248,

Bild 166
56 2797, 57 3428 und **56 2145**, alle vom Bw Neustadt (Haardt), in ihrem noch kriegsgeschädigten Heimat-Bw. Erst 1950 nahm Neustadt wieder den Beinamen „Weinstr" an. Diesen hatten die französische Besatzung verboten, weil die Weinstraße zur Zeit des Naziregimes geschaffen wurde. Die beiden 56er wurden am 18. Oktober 1954 (56 2145) bzw. am 18. März 1955 (56 2797) aus den Listen gestrichen.

Aufnahme: Lichtbildstelle ED Mainz, Sammlung Hans-Jürgen Wenzel

2825) an die BD Hannover und zwei (56 2141, 2800) an die BD Köln abgegeben. Die letzten beiden Betriebslok waren die am 17. Mai 1955 ausgemusterten Neustädter 56 2019 (z 20.11.54) und 56 2455 (z 01.12.54)

Direktion München

56 2231 war als Rückführlok beim Bw Freilassing verblieben. Sie wurde schon im Januar 1946 zur RBD Kassel abgegeben.

Direktion Münster (Westf)

In einer Liste der RBD Münster vom 30. November 1945 sowie in der oft zitierten RZA-Liste von Dezember 1945 stehen 41 56^{20} der RBD Münster. Sieben Lok waren „vor der Besetzung" durch Schiffstransport nach Bf Nordenham und Bf Wesermünde überführt worden und standen der RBD Münster nach Kriegsende nicht mehr zur Verfügung: 56 2071, 2092, 2426, 2427 2466, 2613 und 2699. 56 2066, 2192, 2278 und 2651 waren aus dem Osten nicht zurück gekehrt. Die Nummernliste vom 1. Dezember 1945 nennt 42 in den Bw Bocholt (1), Coesfeld (1), Delmenhorst (1), Emden (2), Haltern (4), Münster (7) und Oldenburg V (26). Davon waren 18 betriebsfähig. Am 23. März 1947 sah es kaum anders aus: Von 39 Lok der RBD Münster waren nur 22 Lok des Bw Oldenburg Vbf betriebsfähig.

Bw Coesfeld
56 2286
Bw Delmenhorst
56 2150 2889 im RAW Schwerte (Ruhr)
Bw Emden
56 2774
Bw Haltern
56 2595 2642 2709
Bw Münster i.W.
56 2156 2181 2352
56 2173 2442 im RAW Schwerte (Ruhr)
Bw Oldenburg Vbf
56 2065 2070 2122 2200 2276 2278 2280 2338 2387 2389
2421 2552 2611 2612 2652 2661 2670 2676 2689 2711
2731 2735 2846 2854
56 2265 2405 2762 im RAW Schwerte (Ruhr)

Dg 6433 (5,1) 29

Mannheim Rbf—Mainz-Bischofsheim—Oberlahnstein—Troisdorf—**Gremberg**

Maßgebende **Bremshundertstel 34**

Höchstgeschwindigkeit **55** km/h

Mindestbremshundertstel **31**

G 45.17 (56 20—30)

Last 1200 t

1	2	3	4	5	6	7	8	9	11
		•Mannheim Rbf	—	—	**2226**				
3,4		Abzw Rennplatz .	—	—	**34**	7,7	4,5		
2,9		Mannh-Käfertal .	—	—	**38**	4,1	3,2		
3,1		Mannhm-Waldhof	—	—	**42**	4,0	3,4		
4,2		Mannh-Blumenau	—	—	**47**	5,3	4,6		
3,9		**Lampertheim** . . .	—	—	**52**	4,9	4,2		
3,3		Bk Boxheimerhof	—	—	**56**	4,2	3,6		
2,1		•Bürstadt	—	—	**59**	2,9	2,3		
2,0		Bobstadt	—	—	**2302**	2,6	2,2		
3,1		**Biblis**	—	—	**06**	4,1	3,4		
3,4		Groß Rohrheim . .	—	—	**10**	4,3	3,7	92,0	
4,8		Gernsheim	—	—	**16**	6,2	5,2	75,4	
3,2		Biebesheim	—	—	**20**	4,1	3,5		
3,2		Stockstadt (Rhein)	—	—	**24**	4,2	3,5		
3,0		**Goddelau-Erfelden**	—	—	**28**	4,0	3,3		
2,3		Leeheim-Wolfskehl	—	—	**31**	2,9	2,5		
2,5		Dornheim	—	—	**34**	3,1	2,7		
3,9		**Gr Gerau-Dornberg**	—	—	**39**	5,2	4,3		
1,9		**Groß Gerau** . . .	—	—	**42**	2,5	2,2		
3,2		Nauheim b Gr G .	—	—	**46**	4,3	3,5		
3,4		Bk Schönauerhof	—	—	**50**	4,4	3,7		
3,2		Mz-Bischofsheim O	—	—	**54**	4,1	3,5		
1,7		**Mz-Bischofsheim West**	**2357**	28	**025**	2,9	2,4		
67,7						92,0	75,4		

Bild 167 – Auf der Rückseite eines Konzeptzettels fand sich diese Seite aus einem Fahrplanbuch der RBD Mainz aus den dreißiger Jahren. Bischofsheimer 56^{20} beförderten den Dg (Durchgangsgüterzug) 6433 von Mannheim Rbf bis Mainz-Bischofsheim. Die Last war auf 1.200 t beschränkt. Abbildung: Sammlung Hans-Jürgen Wenzel

Am 23. Mai 1947 kam 56 2408 schadhaft von den Niederländischen Staatsbahnen und wurde nach Ausbesserung im RAW Bremen beim Bw Oldenburg Vbf in Dienst gestellt. Zwischen Juni und Oktober 1948 kamen elf Lok von der RBD Essen:

56 2002 2020 2023 2054 2059 2114 2160 2312 2326 2419
2624

Am 2. August 1948 besaß die RBD Münster 52 Lok der Reihe 56^{20} ausschließlich in den beiden Bw Delmenhorst (13) und Oldenburg Vbf (39).

Bild 168
56 2736 (Bw Oldenburg Hbf) mit Anschrift „Allied Forces“ unmittelbar nach der alliierten Besetzung. Am Führerhaus die sog. „Behelfspanzerung“. Die Laufachse ist ein sog. Leichradsatz, Lichtmaschine und Laternen fehlen. Die Lok wurde nicht mehr ausgebessert und am 14. November 1951 ausgemustert.

AUFNAHME: SAMMLUNG HELMUT GRIEBL

Nochmals sieben Lok kamen 1949 von der ED Essen, darunter drei z-Lok:

56 2005 2091z 2116 2206 2292z 2357 2411z

und drei Lok von der ED Hannover:

56 2043 2115 2194.

Am 1. Februar 1951 waren Lok der Reihe 56^{20} beim Bw Emden hinzugekommen. Hier waren 16 Lok beheimatet und in Oldenburg Vbf 35 der Reihe 56^{20}. Nach und nach sank der Stern der 56^{20} wie überall auch hier; ab März 1953 bekam Oldenburg Vbf endlich Einheitslok der Reihe 50. Die am 1. Juni 1955 noch vorhandenen 21 Lok des Erhaltungsbestands der Reihe 56^{20} verteilten sich auf die Bw Delmenhorst (11) und Gronau (10):

Delmenhorst
56 2059 2116 2312 2595 2612 2624 2661 2667 2711 2731 2846
Bw Gronau
56 2070 2122 2194 2286 2326 2357 2387 2419 2605 2689

In Oldenburg Vbf – einst Hochburg der 56^{20} – war unsere Reihe durch die Einheitslok der Reihe 50 abgelöst worden; gleichwohl bekam Oldenburg Vbf noch 1955 wieder 56^{20} bei Auflösung des Delmenhorster 56^{20}-Bestandes wegen Umstellung dieses Bw auf Motorlok. Der Erhaltungsbestand war vom 52 an 26. April 1948 und 20. Oktober 1951, auf 47 am 15. Mai 1952, 38 auf 31. Dezember 1953 und 17 am 1. Oktober 1957 gesunken. Am 1. Oktober 1955 wechselte das Bw Delmenhorst – schon in Umstellung auf Motorfahrzeuge – von der BD Münster zur BD Hannover. Noch 19 inzwischen aus dem Erhaltungsbestand ausgeschiedene waren am 1. Juni 1958 bei den Bw Oldenburg Vbf (4) und Gronau (15, davon 1 z) beheimatet. Am 29. Mai 1960 standen nur mehr eine Lok in Gronau (56 2357) und zwei Lok im nunmehrigen Bw Oldenburg Rbf (56 2020, 2181) im Einsatz. Sie wurden am 2. November 1961 ausgemustert. Am 20. Oktober 1962 folgte die bereits seit 23. Februar 1958 in Gronau z gestellte 56 2689, die vermutlich als Heizlok überdauert hatte.

Direktion Regensburg

Im Jahre 1944 liefen der RBD Regensburg 20 Ost-Rückführlok der Reihe 56^{20} aus den RBD Essen, Frankfurt (M), Halle, Köln,

Bild 169
56 2020 (Bw Oldenburg Vbf) als Leerfahrt neben 81 003 (Bw Emden) am 13. September 1958 in Leer (Ostfriesland). 56 2020 wurde am 2. November 1961 beim Bw Oldenburg Vbf aus den Listen gestrichen.

AUFNAHME: DIPL.-ING. HANS SCHNEEBERGER

Bild 170 – 56 2122 (Henschel, Baujahr 1921) ergänzt im Jahr 1955 ihre Kohlenvorräte im Bw Münster (Westfalen). Die Lok vom Bw Gronau schied am 20. November 1958 aus dem Bestand der DB aus. AUFNAHME: REINHARD TODT, SAMMLUNG EISENBAHNSTIFTUNG

Münster und Oppeln zu. Im Dezember 1945 zählte die RBD Regensburg 21 unserer Lok. Eine Nummernliste vom 31. August 1945 und eine von Dezember 1945 nennen 21 Schadrückführlok. Sie standen in Freihöls (56 2567), Hof (56 2418), Plattling (56 2415) und im RAW Weiden (56 2900), die meisten aber in der „langen Lokschlange" bei Dornach/Kröstorf: 56 2053, 2063, 2087, 2094, 2126, 2214, 2247, 2322, 2361, 2368, 2581, 2683, 2692, 2701, 2849, 2855 und 2912. 56 2418 wurde im April 1946 an die RBD Hannover abgegeben. Am 31. Dezember 1946 waren noch 20 vorhanden, am 31. Dezember 1947 nach Zugang von 56 2301 (RBD Nürnberg) und 56 2258 (RBD Stuttgart) im September 1947 22 Lok. Bei Abfuhr der Schadlok aus dem Raum Dornach/Kröhstorf ab März 1947 blieben alle 56^{20} bei der RBD Regensburg, die meisten abgestellt in Regensburg Ost. Sie wurden alle am 13. Dezember 1950 ausgemustert, ohne ab 1944 jemals in Betrieb gewesen zu sein.

Direktion Saarbrücken/Trier

Im Dezember 1945 zählte die RBD Saarbrücken 22 Lok der Reihe 56^{20}, die Ende 1944/Anfang 1945 als Ostlok anderer Direktionen zugelaufen waren. Eine Nummernliste fehlt ebenso wie weitere Listen der Direktionen Saarbrücken und Trier bis 1949. Offenbar hat bei Zusammenlegung beider Direktionen im Jahre 1960 das große Aufräumen stattgefunden.

Lt. Verfügung des Verbindungsamts der deutschen Eisenbahnen in der französischen Zone (VADE) in Speyer) II 21.2101 Bla vom 10. Dezember 1946 wurde die RBD Saarbrücken abrechnungstechnisch zwischen „SAAR" und „Nicht-SAAR" getrennt. Hier waren elf bzw. sieben 56^{20} vorhanden, also insgesamt 18. Statistisch scheint das zu stimmen. Im Herbst 1946 erhielt die ED Mainz von der ED (seit 31. Juli 1946 statt RBD) Saarbrücken sechs Lok: im September 1946 56 2132 und im Oktober 1946 56 2044, 2138, 2184, 2290 und 2874. 56 2233 dagegen kam im Tausch gegen das Einzelstück 56 152 im November 1946 (a.Q.: März 1946) von der RBD Hannover.

1946 sind aus Hermeskeil bekannt 56 2014, aus Homburg 56 2044, 2107, 2185, 2243, 2248, 2290, 2476, 2625 und 2727, aus Kochem* 56 2132, 2138 und 2874 sowie aus Neunkirchen 56 2848, 2887. *(Cochem schrieb sich ab 1936 mit „K" und seit 2. November 1945 wieder mit C (RBD Saarbrücken 8 Vt 4 Tg II D vom 1. November 1945.) Nur dauerte es sehr lange, bis alle Vordrucke, Stempel usw. geändert waren und die Eisenbahner sich wieder an „Cochem" gewöhnt hatten. Nicht jeder las auch hier das meist langweilige Amtsblatt …)*

Bei Bildung der Eisenbahndirektion des Saarlands (EdS) zum 1. April 1947 verblieben dieser keine der noch vorhandenen 56^{20}. Bw Kaiserslautern ging mit neun 56^{20} an die ED Mainz über, Bw Zweibrücken mit vier.

Kaiserslautern
56 2019w 2047w 2107 2218 2233 2243 2249 2476w 2625
Zweibrücken
56 2015 2366 2727 2848

1948/1949 erhielt die ED Trier, Bw Cochem von der ED Mainz acht 56^{20}: 56 2011, 2117, 2462, 2605, 2610, 2667, 2682 und 2862. Den Anfang hatte am 6. Oktober 1948 56 2014 vom Bw Hermeskeil gemacht; im März 1949 waren bereits 56 2011, 2014, 2462, 2667 und 2682 vorhanden; es folgten ab August 1949 von der Fa. Jung die vier übrigen. Der schon lange verstorbene HLokf Johannes Müller, Cochem, fuhr 1949 in einem Mischplan mit Lok der Reihen 50 und 56^{20}. Sie waren im Schiebedienst auf den Rampen um den Cochemer Tunnel, aber auch vor Nahgüterzügen sowie fallweise im Personenzugdienst bis Koblenz Hbf und Trier eingesetzt. Am 31. Dezember 1952 waren vier bereits abgestellt

Bild 171
56 2020 am 11. Januar 1954 mit dem 14.06-Uhr-Personenzug über Vechta nach Osnabrück im Bahnhof Delmenhorst.

AUFNAHME: ROBIN FELL, SAMMLUNG EISENBAHNSTIFTUNG

Bild 172
Nur knapp vier Jahre setzte das Bw Cochem die 56^{20} ein, bis sie durch Lok der Reihen 93^{0} und 93^{5} abgelöst wurden. **56 2605** wartet im Juli 1950 im Bw Trier auf ihre Rückleistung. Die Ostrückführlok besitzt keine Kolbenspeisepumpe, sondern zwei Strahlpumpen. Sie gehörte zu den beiden letzten Cochemern, wurde 1953 zum Bw Gronau abgegeben und dort am 11. Mai 1960 aus dem Bestand gestrichen.

AUFNAHME: HANS HOSCHEIT

(56 2117, 2462, 2610, 2862) und vier dienstplanmäßig eingesetzt. Allzu sehr angestrengt haben sie sich nicht, ohne jetzt den schweren Schiebedienst gering zu achten. Im März 1952 legten sie 162 km je Lokbetriebstag zurück und verbrauchten 14,8 t Kohle je 1000 Lok/km.

Abgestellt und abgelöst wurden sie 1952/1953 auch im Schiebedienst durch T 14/T 14^{1} (Reihen 93^{0} bzw 93^{5}). Zwei der letzten betriebsfähigen Cochemer, 56 2605 und 56 2667, wurden im September 1953 an die BD Münster abgegeben und 56 2014 am 24. September 1953 abgestellt.

Direktion Stuttgart

Die drei Lok 56 2258, 2261 und 2452 hatte es als Rückführlok zum seit August 1945 der RBD Stuttgart unterstelltem Bw Mannheim verschlagen. Sie wurden 1946 abgegeben an die RBD Köln (56 2261, 2452) und 1947 an die RBD Regensburg (56 2250). Eine vierte im Dezember 1945 angeblich gezählte 56^{20} ist nicht zu ermitteln.

Direktion Wuppertal

Mit Übernahme eines Teils der RBD Kassel kamen zwei 56^{20} zum Wuppertaler Bestand: 56 2055 des Bw Bestwig und 56 2589 des Bw Warburg (Westf). Im Dezember 1945 zählte die RBD Wuppertal fünf 56^{20}; die Nummernliste per 31. Dezember 1945 außer den genannten nur zwei weitere: 56 2068 und 56 2747 (Bw Hagen Gbf). Eine fünfte, 56 2295 war im Juni 1945 auf Bf Fröndenberg abgestellt, eine sechste, 56 2140 vom Bw Koblenz-Lützel, auf Bf Finnentrop.

Sie wurden alsbald an die RBD Essen (55 2295), Hannover (56 2140, 2589, 2747) und Köln (56 2055) überwiesen. 56 2068 blieb bei der Dir. Wuppertal, war noch im März 1947 in Dieringhausen abgestellt und wurde am 14. November 1951 ausgemustert.

Deutsche Reichsbahn

Die DR in der SBZ/DDR führte 1945 bis 1993 den Namen Deutsche Reichsbahn weiter, obwohl spätestens seit Gründung der Bundesrepublik und der Deutschen Demokratischen Republik im Jahre 1949 kein Reich mehr bestand. Auch die Bezeichnungen Reichsbahndirektion (RBD) und Reichsbahnausbesserungswerk (RAW) gab es weiter. Im März 1952 wurden die Abkürzungen geändert in Rbd und Raw; aber noch jahrelang dauerte es, bis diese Schreibweisen Allgemeinwissen waren; Stempel und Vordrucke wurden noch lange mit den alten Bezeichnungen weiter verwendet.

Die Reihe 56^1

Bei der 56^1 sind die Statistiken irreführend. Deren Ersteller kannten sicher die Unterbauarten der Reihe 56 nicht genau. Definitiv 58 G 8^3 blieben bei der Reichsbahn. Die erste Statistik, die säuberlich trennt, ist die vom 11. April 1947. Danach waren 55 G 8^3 der RBD Dresden dem RAW Zwickau zugeteilt. Eine weitere Zählung vom 1. Juni 1947 nennt 48 bei der RBD Dresden. Ein Lokverteilungsplan von 1. Januar 1949 nennt 58 Dresdener G 8^3: 46 im Betriebspark, davon 37 betriebsfähig, sowie 12 im Schadpark.

Im Jahr 1945 zählten alle RBD mehrfach die Lokomotiven ihres Bestandes; nicht alle Stichtage sind erhalten. Die RBD Dresden, Erfurt und Magdeburg zählten keine 56^1. Bei der RBD Halle erscheint am 14. September 1945 Lok 56 185, die auch am 14. November 1945 bei der RBD Cottbus gezählt wurde. Anschließend fehlt sie. Ihr Schicksal ist unklar, für die Abgabe an SMA fehlt jeder Beweis.

RBD Berlin

Eine erste Zählung ergab am 4. November 1945 43 Lok, der amtliche Bestand vom 30. November 1946 enthält 48, davon 7 im Zustand „gut" und 26* im A-Park. Die Berliner Bw erscheinen in den verschiedensten Listen mal mit, mal ohne Zusatz „Berlin". Daher wähle ich die Schreibweise der Bw nach dem „Verzeichnis der Reichsbahnämter, Bahnbetriebswerke, Bahnbetriebswagenwerke, Lokomotivbahnhöfe und Hilfszüge nach dem Stande vom 1. Februar 1947".

Berlin-Schöneweide
56 101 110 123 138* 157 159 162 173
Brandenburg
56 102* 105* 108* 131* 143* 154* 177*
Grunewald
56 153
Jüterbog:
56 106 124* 125* 127* 130* 161 171*
Lehrter Bf
56 160*
Lichtenberg
56 104* 142*
Pankow
56 114 120 129 145 147* 149* 166* 168* 172* 183
Potsdamer Bf
56 109* 112 146*
Rummelsburg
56 128* 134* 135 137*
Seddin
56 113 139
Tempelhof
56 115 122 126

RBD Greifswald, Halle, Wittenberge, Schwerin

Die **RBD Greifswald** zählte am 4. November 1945 sechs Lok: Im Bw Eberswalde 56 165, 175, im Bw Neustrelitz 56 151, 164 und im Bw Pasewalk 56 163, 178.

Die **RBD Halle** erfasste am 14. September 1945 56 164 und 56 185, die am 24. November 1945 nicht mehr vorhanden waren.

Die kurzlebige **RBD Wittenberge**, die für die in der Sowjetzone liegenden Strecken und Dienststellen der RBD Hamburg gebildet worden war, meldete am 14. September 1945 die Lok 56 107, 111, 153 und 176.

Bild 173
Unmittelbar nach Kriegsende ist das Bild der beiden abgestellten Brandenburger Lok **56 172** und **56 145** entstanden, die recht bald 1946/1947 ihr Bw verließen. An 56 172 ist noch zu erkennen, daß der Reichsadler überstrichen wurde, am Tender der 56 145 die Bw-Abkürzung „Bn". 56 172 schied am 12. Juli 1965 aus.

AUFNAHME: EK-ARCHIV

Bild 174 - 56 115 war von Mai 1946 bis April 1947 im Bw Tempelhof beheimatet (vgl. die Buchstaben „Tfr“ an der Rauchkammer). Der Originaltext auf der Rückseite: „Der durch den Krieg verschont gebliebene Verschiebebahnhof Tempelhof ist heute einer der wichtigsten Bahnhöfe zur Versorgung der Berliner Bevölkerung mit Nahrungsgütern.“ Ein Jahr später wollte Stalin die West-Berliner Bevölkerung per Blockade aushungern (wie Hitler Leningrad 1941/1942). AUFNAHME: ZBDR/BUNDESARCHIV 97/22/13A

Die **RBD Schwerin** übernahm am 1. Oktober 1945 die RBD Wittenberge und kam am 4. November 1945 auf sechs 56^1: 56 111, 116 (beide Bw Güstrow), 56 153 (Bw Hagenow Land), 56 121 (Bw Schwerin) und 56 107, 176 (beide Bw Wittenberge).

RBD Dresden

Der große Umbruch kam mit der **Gattungsbereinigung** des Jahres 1947 und der Umsetzung der 56^1 zur RBD Dresden. Am 5. April 1947 ordnete die HV der Deutschen Zentralverwaltung für Verkehr in der Sowjetischen Besatzungszone (HV 31Bl 119) diese Bereinigung an. Es musste alles, warum auch immer, Hals über Kopf gehen, wahrscheinlich drängte der Russe. Die Güterzuglok waren beispielsweise zwischen dem 10. April und dem 21. Mai 1947 auszutauschen. Was die 56^1 betrifft, bekam die RBD Dresden 24 Betriebslok (davon 11 betriebsfähig) von der RBD Berlin und drei (davon keine betriebsfähig) von der RBD Cottbus. Eine weitere 56^1 kam von der RBD Greifswald (1, Schadpark). Vergeblich beschwerte sich die RBD Dresden bereits im Vorfeld, nämlich am 10. März 1947, die Reihen 56^1 und 58^{10} könnten auf einer größeren Anzahl von Strecken nicht eingesetzt werden. Besonders wies sie auf den für etliche Strecken zu hohen Achsdruck der Reihe 56^1 hin – vergeblich – die Folgezeit zeigte, dass diese Lok eingesetzt wurden.

Die Statistiken sind immer wieder abweichend, erklärlich, da Lok vom Betriebspark in den Schadpark wechselten und umgekehrt. Zuständiges RAW für die 56^1 war Zwickau, ab Oktober 1950 „RAW 7. Oktober“ genannt. Für die RBD Dresden werden angegeben:

30. Oktober 1950	58 Lok
1. Juli 1952	47 Lok und 8 im Schadpark
31. August 1954	51 (46 betriebsfähig) Lok und 3 im Schadpark
29. September 1955	51 (43 betriebsfähig) Lok und 3 im Schadpark
31. Dezember 1958	51 Lok (davon 38 betriebsfähig)

Einen Lokbestand der RBD Dresden aus der Anfangszeit können wir nicht nennen. Aus Betriebsbüchern und der HVM-Lokkartei ergeben sich für den 31. Dezember 1950 folgende unvollständige Standorte; * Schadpark

Bw Bad Schandau
56 151

Bw Chemnitz-Hilbersdorf
56 106 121 143 146* 147 171 176

Bw Dresden-Alt
56 104 105 134* 137w 138* 142* 164

Bw Dresden-Friedrichstadt
56 101 102 108* 111 114 115 116 119 120 123
124 125* 130 139 145 153 157

Bw Freiberg (Sa)
56 122 135 154 160* 162 178

Bw Glauchau
56 165 168 183

Bw Nossen
56 124 129 131 159 161 172 173 175

Bild 175

Nochmals **56 115**, diesmal am 4. August 1956 in Großenhain. Sie war ab 22. Juni 1956 in Riesa beheimatet, wo sie auch am 1. Juli 1966 ausgemustert wurde. Am 5. Oktober 1966 rollte sie mit 56 175, 177 und dem Tender der 56 183 zur Zerlegung zum Raw Zwickau.

AUFNAHME: GEORG OTTE, SAMMLUNG HANS-JÜRGEN WENZEL

Bild 176
56 145 steht im Jahr 1962 im Bahnhof in Crimmitschau, sie versah dort den Rangierdienst. Auf dem Tender der seit 1. Februar 1961 in Riesa beheimateten Lok stehen die Behälter für die Dosiereinrichtung recht wackelig. Die Lok war zuletzt Heizlok im berüchtigten Zuchthaus Waldheim und schied am 1. Juli 1966 aus.

AUFNAHME:
GÜNTER MEYER,
SAMMLUNG HANS-JÜRGEN WENZEL

Bw Riesa
56 107 112 113 163
Bw Zwickau
56 149z

56 127 kam nach einer Ersatzinvestition im Raw Zwickau am 15. November 1953 beim Bw Glauchau in Fahrt. Im Sommer 1951 setzte Dresden-Friedrichstadt im Lokbf Meißen drei 56^1 im Verschub in Coswig und Meißen sowie vor Übergabefahrten ein.

Sechs nicht mehr aufbauwürdige Lok schieden bis 1955 aus:

+ 09.01.48	56 109
+ 28.02.51	56 134, 147
+ 30.06.51	56 160
+ 23.12.53	56 149
+ 19.09.55	56 125

Am 1. Januar 1955 wurden die drei Dresdener Bw Bautzen, Görlitz und Zittau der Rbd Cottbus unterstellt. Mit dem Bw Bautzen kamen 56 105, 115 und 177 und mit dem Bw Görlitz 56 101, die im März 1955 dem Bw Bautzen zugewiesen wurde. 56 115 und 56 177 waren als Heizlok vermietet an den VEB Waggonbau Bautzen. Alle vier Lok wurden 1955 der Rbd Dresden „zurück" gegeben.

Aus den Lokverwendungsnachweisen des Monats Dezember 1955 ergibt sich nachstehender wohl vollständiger Bestand:
(b = Ausbess. im Bw; h = Ausbess. im Raw; k = kurzzeitig unbenutzt; r = Reserve; v = vermietet; w = warten auf Raw-Aufnahme)

Bw Bad Schandau
56 102 143 151 176
Bw Dresden-Friedrichstadt
56 105 106 107 115r 120h 123 124 131 138w 145
147 157 164b 173 177 183
56 111 119 vermietet an Aufbauleitung Klotzsche

Bild 177
56 112, zuletzt im Bw Dresden-Alt heimisch, auf einem Gleisstumpf in Dresden Hbf als Heizlok für das Rbd-Gebäude, damit die Mitarbeiter nicht froren. Auch sie wurde am 1. Juli 1966 aus den Listen gestrichen.

Bild 178
56 111 im Jahr 1955 an der Bekohlungsanlage in Großenhain; der Tender ist allerdings mit Brikett gefüllt. Die 1955 beim Bw Dresden-Friedrichstadt beheimatete Lok schied am 20. Juni 1966 beim Bw Gera aus.

Bild 179
56 113 (Bw Dresden-Friedrichstadt) 1962 auf Leerfahrt in Dresden-Neustadt Gbf. Wenig später, am 25. November 1962, wurde sie abgestellt, aber erst am 11. Mai 1967 ausgemustert. Seit Kriegsende hatte sie 711.000 km zurückgelegt.

Bild 180
56 172 im Herbst 1960 in Dresden-Pieschen. Am 14. Oktober 1960 war sie von Freiberg nach Dresden-Friedrichstadt umgesetzt worden und trägt noch die Beschriftung „Bw Freiberg". Am 12. Juli 1965 schied sie aus.

Aufnahmen (4): Georg Otte, Sammlung Hans-Jürgen Wenzel

Bild 181 – 56 121 war von Oktober 1948 bis September 1959 beim Bw Chemnitz-Hilbersdorf (ab 1953 Karl-Marx-Stadt-Hilbersdorf) beheimatet und wurde dann Werklok im Raw „7. Oktober" in Zwickau. Am 1. Juni 1957 steht sie vor der Lokleitung im damaligen Bw KM-Stadt-Hilbersdorf. Illner-Aufnahmen waren in der DDR im Zeichen des Fotografierverbots unter den Eisenbahnfreunden heiß begehrt. AUFNAHME: GERHARD ILLNER, SAMMLUNG JÖRG SAUTER

Bw Freiberg (Sa)
56 113 135 154 165 168 178
Bw Glauchau
56 104h 127b
Bw Greiz
56 139h 181
Bw Karl-Marx-Stadt-Hilbersdorf
56 121h 122 162
Bw Nossen
56 112 114h 116 130 137 159
Bw Riesa
56 126 128 161 172 175k
Bw Werdau (Sa)
56 129h
56 101 vermietet an Ernst Grube Werk, Werdau
56 153 163 166 vermietet an Wismut

Auch die folgenden Ausmusterungen hielten sich in Grenzen:

+ 20.03.57	56 108
+ 14.06.60	56 146
+ 31.01.63	56 122, 161, 178
+ 17.11.62	56 124, 126, 147, 173
+ 28.11.62	56 162

Ab 1957 wurden auch dem Bw Gera, am 1. April 1955 von der Rbd Erfurt der Rbd Dresden unterstellt, 56^1 zugewiesen; den Anfang machten 56 105, 111, 135, 143. 1958 folgten 56 129, 157, und 1959 kamen 56 157 und 171. Thomas Frister aus Gera berichtet: Sie standen hauptsächlich im Rangierdienst der beiden großen Güterbahnhöfe: Gera Hbf und Gera Süd, bewältigten Übergaben zwischen diesen beiden Bahnhöfen, Nahgüterzugleistungen im Raum Gera und gelegentliche Schiebedienste nach Hermsdorf-Klosterlausnitz und Ronneburg. 1961/62 dienten einige als Heizlok für das im Entstehen begriffene Neubaugebiet Gera-Bieblach. Deren Standort war die Außenstelle Gera des Bww Saalfeld direkt neben dem Schuppen 1 des Bw Gera an der Robert-Fischer-Straße. Die Nachfolge der 56^1 in Gera übernahmen die Lok der Reihe 58, die woanders durch Zuteilung der Reko-Lok 58^{30} frei geworden waren.

Am 30. November 1961 war außer den vermieteten Lok ein nennenswerter Bestand nur mehr in Gera in Betrieb.

Bw Dresden-Friedrichstadt
56 112v 113v 118v 138w 165w 172w
Bw Freiberg (Sa)
56 102z 178z
Bw Gera
56 105z 107 116 120 129 135 143 151 157 166 171z
Bw Nossen
56 106w 114z 122z 126z 139w 137z 162z 173z
Bw Werdau (Sa)
56 102v 107v 123w 145v* 176 183h
Bw Zwickau (Sa)
56 154w

Kurz nach dem Stichtag kam 56 116 im November 1961 als Einzelgängerin zum **Bw Aue** und war hier immerhin fast 2 ½ Jahre in Betrieb bis zur Abstellung im April 1964.

Und einsam hielten im Januar 1966 noch die beiden Lok 56 101 und 138 bei der Reichsbahn die Stellung:

weiter auf Seite 113

Bild 182
56 166 (Bw Aue) im November 1955 beim Rangieren auf dem Auer „Berg“. Der Propagandaspruch „Es lebe die deutsch-sowjetische Freundschaft“ am Tender kaschiert, dass die russischen Soldaten unter erbärmlichen Bedingungen in ihren Kasernen eingesperrt waren und sorgsam von der Bevölkerung ferngehalten wurden. Die Lok war zuletzt bis zur Ausmusterung am 14. Juli 1967 beim Bw Werdau eingesetzt.

Bild 183
„Topp Sigrid“ schrieb Günter Meyer mit seinem trockenen Humor auf die Rückseite der Aufnahme der Werdauer **56 176** und meinte damit „top secret“. Sie entstand im April 1961 in Rußdorf an der Strecke Schmirchau – Seelingstädt und zeigt die Lok vor einem Uranerz-Zug der Wismut-AG. Die Lok schied am 1. Juni 1965 (leicht verstrahlt?) aus. Die Aufnahme hätte Günter leicht ein paar Jahre „Bau“ kosten können. So schrieb er auf der Rückseite eines ähnlichen Bildes: „Klick! Wetz! Glühende Absätze bekommen.“

Aufnahmen (2): Günter Meyer, Sammlung Hans-Jürgen Wenzel

Bild 184
56 183 (Bw Dresden-Friedrichstadt) im Jahr 1956 in Dresden-Pieschen. Auch sie „tingelte“ durch zahlreiche Bw der Rbd Dresden: Riesa, Nossen, wieder Riesa, Dresden-Friedrichstadt, Werdau, Greiz, wieder Werdau, Nossen, Döbeln und zuletzt Riesa. Bis April 1959 legte sie 1.517.516 km zurück. Von Oktober 1962 bis März 1963 war sie Heizlok im Zuchthaus Waldheim, wohin sie über Grunau mit einem Straßenroller gebracht worden war.

Aufnahme: Georg Otte/EK-Verlag

Bild 185
56 106, zuletzt beim Bw Werdau, wurde im November 1965 zur Werklok 3 (2. Besetzung) im Raw „7. Oktober" in Zwickau. Hier nahm sie Günter Meyer am 11. März 1969 mit der Beschriftung „Werklok 3" auf.

Aufnahme: Günter Meyer, Sammlung Hans-Jürgen Wenzel

Bild 186
Nochmals **56 106** als Werklok 3 des Raw Zwickau. Da die Kolbenspeisepumpe fehlt, hat die Lok eine zweite Strahlpumpe erhalten, denn jede Dampflok muss zwei unabhängig voneinander arbeitende Speisepumpen besitzen.

Aufnahme: Dieter Wünschmann

Bild 187
56 151, zuletzt Bw Werdau, am 29. August 1967 in Zerlegung im Raw Zwickau: vorn die Überreste des Rahmens, direkt dahinter ihr letzter Kessel Henschel 1920/16451.

Aufnahme: Günter Meyer, Sammlung Hans-Jürgen Wenzel

Bild 188
56 130 fährt aus dem Güterbahnhof Gera mit ihrer Übergabe nach Gera Süd aus. Sie war ab 20. Juli 1962 in Gera beheimatet; letzter Betriebstag war der 22. August 1965, und am 2. Januar 1967 wurde sie ausgemustert. Links wartet die Erfurter 01 507 auf ihren Zug, den sie über Göschwitz nach Erfurt bringen wird.

AUFNAHME: ZBDR/SLG. HANS-JÜRGEN WENZEL

Bild 189
Gründlich ausgeschlachtet war die bereits am 8. November 1959 abgestellte Werdauer **56 163**. Ausgemustert wurde sie erst am 12. Juli 1965.

AUFNAHME: GÜNTER MEYER, SAMMLUNG HANS-JÜRGEN WENZEL

56 101	Dresden-Friedrichstadt in Dienst
102	Freiberg z
105	Gera z
120	Gera z
122	Nossen z
128	Nossen z
130	Gera z
135	Gera z
137	Chemnitz-Hilbersdorf vermietet
138	Gera
143	Gera z
157	Gera z
162	Nossen z
178	Freiberg z

Die großen Ausmusterungswellen rollten 1965 bis 1967 mit neun und zwei mal 17 Lok:

+ 27.01.65	56 121
+ 12.07.65	56 107, 131, 154, 163, 164, 165, 172
+ 16.08.65	56 153
+ 12.04.66	56 104, 116
+ 16.05.66	56 157
+ 17.05.66	56 171, 175, 183
+ 01.06.66	56 119, 120, 135, 177
+ 20.06.66	56 105, 111
+ 01.07.66	56 112, 115, 143, 145
+ 22.12.66	56 123
+ 02.01.67	56 130, 139
+ 01.03.67	56 106, 137, 138
+ 11.05.67	56 102, 113, 114, 129, 168
+ 01.06.67	56 101, 127, 151, 159, 176
+ 14.07.67	56 128, 166

Die erste wurde also wie im Mathäus-Evangelium die letzte: 56 101 vom Bw Dresden-Alt wurde am 18. Mai 1967 als letzte abgestellt und schied am 1. Juni 1967 aus, war also über 48 Jahre im Dienst. Die beiden später (Juli 1967) ausgemustertem Lok waren früher abgestellt worden: 56 128 bereits am 26. April 1961 und 56 166 am 9. Dezember 1965. Sechs Lokomotiven der Reihe 56^1 der Rbd Dresden wurden im Jahre 1966 in Praha-Libeň zerlegt:

56 107, 123, 163, 164, 165 und 172.

Bild 190
56 145 war nach der Rückkehr vom Dienst als Heizlok des Zuchthauses Waldheim ab Juli 1963 in Gärtitz abgestellt. Die zuletzt in Riesa beheimatete Lok wurde am 1. Juli 1966 ausgemustert. Ob ein entlassener Gefangener aus Wut die Führerhausscheibe eingeworfen hat ?

Aufnahme:
Reiner Scheffler,
Sammlung Dr. Thomas Samek

Bild 191
56 168 wurde am 29. Dezember 1960 in ihrem Heimat-Bw Dresden-Friedrichstadt abgestellt und am 11. Mai 1967 ausgemustert. Georg Otte fotografierte sie 1971 während der Zerlegung in ihrem Heimat-Bw.

Aufnahme:
Georg Otte,
Sammlung Hans-Jürgen Wenzel

Bild 192
Zerlegekandidaten im Bahnhof Aue: rechts die am 12. April 1966 ausgemusterte Auer **56 116** vor 84 001 und 84 006; links stehen 94 2103 und **56 104**.

Aufnahme:
Günter Meyer,
Sammlung Hans-Jürgen Wenzel

Bild 193
Ebenfalls auf ihre Zerlegung warten am 5. August 1966 in Werdau (von links nach rechts) die Werdauer Lok **56 123**, **163**, **114** und **151**. Vorbei die Zeit, als 56 123 im Jahr 1954 „Filmstar" war.

Aufnahme: Günter Meyer, Sammlung Jörg Sauter

Bild 194
56 101 am 1. August 1965 in Zwickau auf der Fahrt vom Bw Werdau zu ihrem neuen Heimat-Bw Dresden-Friedrichstadt. Hier legte sie zuletzt im Mai 1967 an 14 Betriebstagen magere 2.352 km zurück, wurde sehr eilig am 1. Juni 1967 ausgemustert und schon im November 1967 im Raw Zwickau zerlegt. Die Lok wurde immerhin 48 Jahre alt.

Aufnahme: Günter Meyer, Sammlung Hans-Jürgen Wenzel

Von drei Lokomotiven gilt es ergänzend zu berichten:

56 121	war am 1. April 1959 Werklok 3 des Raw Zwickau.
106	kam am 7. November 1965 als Nachfolgerin: Lok 3 (2. Besetzung).
126	wurde am 16. Juli 1962 verkauft als Werklok 8 des Niederschachtofenwerks Calbe (Saale).

Die Vermietungen sind nicht alle bekannt; sie ergeben sich aus Betriebsbüchern:

56 113	Riesa	HL HTA Wülknitz 03.09.53 – 02.02.54
115	Bautzen	HL LOWA Bautzen 11.54 – 04.55
119	Dresden Fr.	HL Ortspolizeibehörde Dr. Kurt Fischer-Alle, Dresden (1959); HL NVA Dresden (1963)
120	Bw Gera	SDAG Wismut Okt. 1962, 19 Tage
56 129	KM-Hilb.	HL Maschinenfabnrik KMS-Hilbersdorf 26.10.60 – 07.04.61
		HL Papierfabrik Kriebetahl 25.06.61 – 11.08.61
	Dresden Fr.	HL Steinzeugwerk Dresden 12.07.65 – 12.09.65
137	Riesa	HL Rohrwerk 3, Riesa (08.64)
139	Gera	DSAG Wismut ab 15.11.62
145	Döbeln	DSAG Wismut 08.60 – 08.62
		HL Strafanstalt Waldheim ab 08.62
153	Werdau	DSAG Wismut 1.58 – 12.60
		HL EKM Dampfkesselbau Meraane (01.61, 02.61)
159	Werdau	DSAG Wismut ab 01.62
	Riesa	HL Kaolinwerk Kemmlitz 07.63 – 06.64
173	Nossen	HL VEB Aktivist, Zwickau-Planitz ab 10.59
176	Werdau	DSAG Wismut 03.62 – 1965
177	Bautzen	HL LOWA Bautzen 12.54 – 04.55
183	Döbeln	HL Strafanstalt Waldheim 22.10.62 – 19.03.63

Und zum Schluss: 56 123 des Bw Dresden-Friedrichstadt war 1954 in dem DEFA-Film „Ernst Thälmann, Sohn seiner Klasse" über den ehemaligen KPD-Vorsitzenden Ernst Thälmann zu sehen. Für jüngere Leser: Ernst Thälmann war 1944 von den Nazis im KZ ermordet worden.

Die Reihe 56^{20}

Definitiv 60 56^{20} verblieben der Deutschen Reichsbahn in der SBZ/DDR – erstaunlich, wenn man die früher G 8^2-reichen RBD Halle oder Schwerin in Erinnerung hat. 24 weitere Lok waren vom „großen Bruder“ abgefahren worden. Einheitlich werden als Abgabedaten Tage im Mai 1946 angegeben. Ich gehe eher davon aus, dass die Lok nach und nach abrollten und im Mai 1946 aus den Listen gestrichen wurden. Für alle außer 56 2394 liegt im St. Petersburger Archiv eine Karteikarte auf:

56 2099 2182 2271 2299 2329 2377 2384 2394 2425 2448
2454 2553 2557 2562 2609 2687 2698 2749 2812 2814
2831 2890 2910 2915

Die Zahlen in den Statistiken sind auch bei der 56^{20} nicht eindeutig. Angeblich waren am 11. April 1947 68 bei der RBD Greifswald vorhanden. Am 1. Januar 1949 befanden sich zwei im Schadpark der RBD Halle, während 46, davon 35 betriebsfähige sowie 22 im Schadpark, zur RBD Greifswald zählten. Am 30. Oktober 1950 zählten – ohne Aufschlüsselung – 66 zu den RBD Greifswald und Halle. Der erste realistische Bestand ist der vom 31. August 1954: 50 Lok gehörten der Rbd Greifswald, davon 40 betriebsfähige und neun im Schadpark. Hier zählte wohl 56 3002 noch mit. Hin und her ging es übrigens mit den vier Kohlenstaublok des Schadparks: 56 2130, 2801 2906 und 2907; siehe im einzelnen gesondertes Kapitel.

Die ersten Ausmusterungen meist von Kriegsrückstaulok – alle RBD Greifswald – waren

56 2149 + 21.12.53
2152 + 25.01.51
2163 + 25.02.51
2224 + 20.01.54
2321 + 15.02.51
2555 + 25.02.51
2630 + 20.01.54
2746 + 15.02.51
2906 + 21.12.53

Das zuständige Ausbesserungswerk wechselte mehrfach. Im Dezember 1945 und im Mai 1946 war es das RAW Zwickau; im April 1947 und im November 1948 das RAW Rostock, im Oktober 1950 das RAW Wittenberge, spätestens 1953 das Raw Cottbus, 1967/68 das Raw Halle und 1971 das Raw Stendal.

Bei der großen Gattungsbereinigung im Jahre 1947 zog die Reichsbahn alle 56^{20} bei der RBD Greifswald zusammen. Die Zentralverwaltung des Verkehrs ordnete am 5. April 1947 (HV 31 Bl 119) die Verschiebung nachstehender 52 Lok G 56^{20} an die RBD Greifswald an (in Klammern: davon betriebsfähig):

von RBD Berlin	3 (3)
von RBD Cottbus	1 (1)
von RBD Dresden	1 (-)
von RBD Erfurt	4 (4)
von RBD Halle	16 (8)
von RBD Magdeburg	19 (9)
von RBD Schwerin	8 (2)

Dieser „Verschiebekalender“ dürfte fehlerbehaftet sein. So besaßen die RBD Berlin nur eine und die RBD Halle nur fünf G 56^{20}. Dresden dagegen besaß vier, Cottbus gar keine! Und Erfurt gab im Mai 1947 fünf ab. Andererseits ist auch denkbar, dass nicht alle Bewegungen oder aber mehr durchgeführt wurden.

Auch Statistiken sind nicht zahlreich bekannt. Am 29. September 1955 gehörten 50 der Rbd Greifswald, von denen 46 betriebsfähig waren; neun weitere zählten zum Schadpark. Am 31. Dezember 1958 waren 50 vorhanden, davon 30 im Betriebspark. Weitere Statistiken fehlen.

Es schieden aus:

1955
56 2089 + 09.12.55
1956
56 2125 + 20.01.54
2875 + 12.06.56
1960
56 2592 + 09.02.60
2801 + 09.02.60
1961
56 2644 + 08.09.61
1966
56 2281 + 31.12.66
1967
56 2029 + 05.12.67
2130 + 20.12.67
2227 + 20.12.67
2390 + 20.12.67
2483 + 18.05.67
2569 + 03.10.67
2573 + 03.10.67
2645 + 03.10.67
2660 + 10.03.67
2663 + 03.10.67
2677 + 18.05.67
2719 + 01.06.67
2830 + 10.03.67
2907 + 01.06.67
2913 + 20.12.67
1968
56 2003 + 05.09.68
2128 + 03.04.68
2196 + 03.04.68
2198 + 16.10.68
2238 + 29.02.68
2254 + 05.09.68
2356 + 15.12.68
2414 + 05.09,68
2473 + 05.09.68
2480 + 28.10.68
2802 + 05.12.68
2809 + 05.09.68
2817 + 30.01.68
2818 + 05.12.68
2822 + 29.04.68
2828 + 05.09.68
2865 + 12.02.68

Wegen der Ausmusterungen ab 1969 siehe die Umzeichnungstabelle. Am 28. Juli 1972 folgte als letzte 56 2284 (siehe bei Rbd Erfurt). Am längsten „lebte“ die am 1. Februar 1970 ausgeschiedene 56 2162, lange als Schuppenheizlok in Kamenz tätig und erst im August 1982 zerlegt.

Lt. MfV-Verfügung vom 24. April 1969 (M-Tb 3) wurden die Lok mit Gültigkeit vom 1. Juni 1970 auf EDVA-Nummern umgezeichnet. Die Lok der Reihe 56^{20} behielten ihre Betriebsnummern, denen nur eine Kontrollziffer zugesetzt wurde. Im U-Plan stehen die u.g. Lok, außer 56 2563-6 und 2827-5, die sich im

Bild 195
Schwer beschädigt wurde die Halberstadter **56 2152** vermutlich am 7. April 1945, als ein US-Luftangriff einen im Bahnhof stehenden Munitionszug mit Seeminen zur Explosion brachte, was im Bahnhof zu erheblichen Schäden führte. Man erkennt die Platte der Behelfspanzerung am Führerhaus. Die Lok wurde zwar im Juni 1948 noch listenmäßig zur RBD Greifswald umgesetzt, aber am 25. Januar 1951 ausgemustert

AUFNAHME: SAMMLUNG HANS-JÜRGEN WENZEL

Bild 196
Seit Kriegsende abgestellt war **56 2592**, zunächst in Pasewalk, ab 1948 in Stralsund und ab Februar 1959 in Cottbus. Im Raw Cottbus wurde sie als Ersatzteilspender ausgeschlachtet, u. a. für 56 2802, und am 9. Februar 1960 ausgemustert. Im Hintergrund ist eine G 8 (Reihe 55^{16}) zu sehen.

AUFNAHME: GEORG OTTE, SAMMLUNG HANS-JÜRGEN WENZEL

Nachtrag vom 2. Sept 1969 (M-Tb-3) finden. Die Lok 56 2172 (+ 01.02.70) und 56 2221 (+ 30.09.70) fehlen im U-Plan und im Nachtrag. Ob noch alle umgezeichnet wurden, erscheint angesichts der Ausmusterungsdaten ausgeschlossen.

56 2001-8	+ 30.09.70
2009-1	+ 22.02.71
2025-7	+ 10.03.70
2057-0	+ 10.03.70
2176-8	+ 30.09.70
2222-0	+ 26.09.69
2284-0	+ 28.07.72
2563-6	+ 27.06.69
2569-4	+ 03.10.67
2606-4	+ 30.09.70
2764-1	+ 27.06.69
2792-2	+ 10.03.70
2827-5	+ 10.03.70
2843-3	+ 27.06.69
2845-8	+ 10.03.70
2916-7	+ 09.08.71

Verkäufe sind fünf bekannt, Vermietungen drei:

56 2196	Maxhütte Unterwellenborn	25.04.68 verkauft
2198	WBK (Betonwerk) Erfurt	01.10.68 verkauft
2281	Maxhütte Unterwellenborn	31.12.66 verkauft
2356	VEB Petkus, Wuhla (HL)	15.12.68 verkauft
2663	VEB Schlepperwerk Brandenburg	03.10.67 verkauft
2663	HL Schlepperwerk Brandenburg	26.10.61 – 28.05.62 vermietet
2764	HL Walzwerk Finow	28.11.55 – 24.07.56 vermietet
2802	Betonwerk Rethwisch	01.12.56 – 28.02.57 vermietet

Reichsbahndirektion Berlin

Am 4. November 1945 zählte die RBD Berlin die beiden Lok 56 2698 und 2814, am 30. November 1946 nur 56 2001 (Bw Berlin-Schöneweide), die im Februar 1946 von der RBD Schwerin gekommen war. Die beiden anderen waren im Mai 1946 von der SMA abgefahren worden. Im Rahmen der Gattungsbereinigung sollten 1947 drei an die RBD Greifswald abgegeben werden; Berlin besaß jedoch nur mehr eine: Die erwähnte 56 2001 rollte am 20. April 1947 ab.

Bild 197
56 2001 am 8. Mai 1946 im RAW Halle. Die Lok war damals in Berlin-Schöneweide beheimatet. Sie gehörte zu den wenigen $G\,8^2$, die über 50 Jahre alt wurden, und schied erst 1970 beim Bw Vacha aus.

Aufnahme:
RBD Halle/
Sammlung Brian Rampp

Einige Jahre später kamen nochmals Lok kurzfristig zur Rbd Berlin. Vom 1. Januar bis 9. August 1954 weilten 56 2025, 2222 und 56 2569 beim Bw Frankfurt (Oder) Vbf, gefolgt vom 16. Oktober 1954 bis 16. Januar 1955 von 56 2913. Beim Bw Berlin-Lichtenberg trafen am 3. November 1955 (lt. Umsetzer alle am 1. Dez. 1955) 56 2198, 2828 und 2913 ein, am 1. Dezember 1955 56 2817. Alle vier wurden im Januar 1956 an die Rbd Erfurt abgegeben.

Reichsbahndirektion Cottbus

Erstmals 1955 erhielt die Rbd Cottbus Lok der Reihe 56^{20}, alle von der Rbd Greifswald:

November 1955	56 2238, 2390
Dezember 1955	56 2865, 2907
Januar 1956	56 2162, 2663, 2916

Im November 1956 folgte 56 2719, im Februar 1959 die Schadparklok 56 2692 und 2801. Diese ehemaligen Kohlenstaublok wurden schon am 9. Februar 1960 ausgemustert. Alle waren beim Bw Kamenz beheimatet (56 2907 zunächst beim Bw Cottbus). Kamenz gab dafür die G 8 (Reihe 55^{16}) zum Bw Luckau ab für die Strecke Falkenberg– Luckau – Beeskow. Am 30. September 1960 waren noch 56 2162, 2390, 2663, 2719, 2865, 2907 und 2916 in Kamenz. 1960 bzw. 1963 rollten 56 2238 und 2916 zur Rbd Erfurt ab. Das Bw Kamenz setzte im Winterfahrplanabschnitt 1962/ 1963 dienstplanmäßig drei 56^{20} im Personen- und Güterzugdienst ein. Wendebahnhöfe waren Arnsdorf (Sa), Bischofswerda, Dresden-Neustadt und Senftenberg.

Ab 5. November 1966 gab 56 2663 noch ein kurzes Gastspiel beim Bw Görlitz. Letzte betriebsfähige Lok war die Kamenzer 56 2865, die ab 24. Dezember 1967 auf eine L4-Untersuchung wartete – vergeblich; sie wurde am 12. Februar 1968 ausgemustert. 56 2162 war nach einem Unfall im Oktober 1967 mit Unterbrechungen von Januar bis März 1968 und von November 1968 bis März 1969 Heizlok sowie ab 1. April 1970 Dampfspender; angeblich wurde sie erst 1982 zerlegt.

Bild 198
56 2162 (Bw Kamenz) im Mai 1967 im Bw Cottbus. Sie wurde nach einer Flankenfahrt in Hohenbocka im November 1967 abgestellt und war noch längere Zeit als Schuppenheizlok in Kamenz eingesetzt. Sie wurde erst im Oktober 1982 zerlegt und war damit die wirklich allerletzte $G\,8^2$ in Deutschland.

Aufnahme:
Max R. Delie,
Sammlung Hans-Jürgen Wenzel

Bild 199
Nicht nur die erste (56 2001), sondern auch die zuletzt gebaute G 8^2 verblieb der Reichsbahn. Die erst 1928 von Linke-Hofmann an die Rbd Halle gelieferte **56 2916** wurde am 12. August 1970 beim Bw Vacha abgestellt und schied am 9. August 1971 als 56 2916-7 aus. Unsere Aufnahme zeigt sie im Jahr 1960 in Arnsdorf (Sa) mit Behelfsrauchkammertür und Läutewerk.

Bild 200
56 2663 (Bw Kamenz) im März 1965 in Bischofswerda. Bis zur Ausmusterung am 30. Oktober 1967 war sie noch kurz, nämlich ab dem 5. November 1966, in Görlitz tätig gewesen.

Bild 201
Im Juni 1957 entstand die Aufnahme der **56 2238** des Bw Kamenz im Bahnhof von Bischofswerda. 56 2238 ist mit einem vierachsigen Tender gekuppelt und trägt am Führerhaus das rote Dreieck „In persönlicher Pflege". Ausgemustert wurde sie am 29. Februar 1968 beim Bw Sangerhausen.

AUFNAHMEN (3): GEORG OTTE, SAMMLUNG HANS-JÜRGEN WENZEL

Bild 202
56 2003 wurde am 2. September 1952 in Angermünde aufgenommen, wo sie damals beheimatet war. Damals waren fast alle G 8² in der Rbd Greifswald beheimatet; sie musste fast alle ab dem Jahre 1955 an andere Rbd abgeben. So war 56 2003 seit Dezember 1958 in Erfurt G und bis zur Ausmusterung (5. September 1968) in Sangerhausen eingesetzt.

AUFNAHME: ERICH PREUSS, SAMMLUNG EISENBAHNSTIFTUNG

Reichsbahndirektion Dresden

Am 14. September 1945 zählte die RBD Dresden sechs G 8², von denen 56 2913 am 4. Dezember 1945 an die RBD Schwerin abgegeben wurde. Die übrigen fünf waren mit Beheimatung am 10. April 1946:

56	2029	Chz-Hilberdorf	30.04.47 an RBD Greifswald
	2057	Riesa	08.05.47 an RBD Greifswald
	2414	Freiberg	14.06.47 an RBD Greifswald
	2483	Döbeln, abg Schweta	01.05.47 an RBD Greifswald

In der Liste ist 56 2553 durchgestrichen, da sie am 12. Oktober 1945 nach Osten abrollte.

Im Rahmen des am 4. Mai 1947 angeordneten Lokausgleichs sollte die RBD Dresden eine Lok an die RBD Greifswald abgeben. Indessen ergibt sich aus den Betriebsbüchern die o.g. Abgabe aller vier verbliebenen Lok.

Reichsbahndirektion Erfurt

Am 14. September 1945 und am 30. November 1945 zählte die RBD Erfurt zwei Lok: beim Bw Meiningen die in Grimmenthal abgestellte Rückführlok 56 2663 und beim Bw Zeitz 56 2875. Im März 1946 überstellte die RBD Schwerin 56 2563, 2569, 2809 und 2817 zum Bw Probstzella und 56 2677 zum Bw Weißenfels, ab Juli 1946 ebenfalls Bw Probstzella. Im Jahr 1947 wurden alle an die RBD Greifswald abgegeben: im Mai 56 2569, 2677, 2809 und 2817, im Juli 56 2563, im September 56 2875 und im Oktober 56 2663.

Bis auf die wenigen Cottbuser Lok wurden ab 1956 alle Lok der Reihe 56²⁰ bei der Rbd Erfurt zusammengezogen; siehe besonderes Kapitel.

Reichsbahndirektion Greifswald

Am 4. November 1945 zählte die RBD Greifswald vier 56²⁰: 56 2198 und 2592 im Bw Pasewalk und 56 2254, 2555 im Bw Stralsund.

Im Rahmen der Gattungsbereinigung 1947 erhielt die RBD Greifswald:

von RBD Berlin
56 2001
von RBD Dresden
56 2029 2057 2414 2483
von RBD Erfurt
56 2563 2569 2663 2677 2809 2817 2875
von RBD Halle
56 2025 2130 2480 2606 2644
von RBD Magdeburg
56 2003 2009 2089 2128 2149 2162 2196 2221 2222 2238
2281 2356 2480 2573 2660 2764 2792 2802 2818 2822
2827 2828 2830 2843 2845 2916
von RBD Schwerin
56 2125 2176 2284 2473 2630 2645 2719 2746 2865
56 3002

1948 folgten von der RBD Magdeburg 56 2152, 2224, 2227, 2321 und 2390.

Kurzfristig waren ab 13. Mai 1948 56 2913 (bis 9. Mai 1949) und 56 2916 (bis 28. Februar 1949) beim Bw Seebad Heringsdorf beheimatet. Am 1. Januar 1955 waren die 56²⁰ verteilt auf die Bw:

Angermünde
56 2001 2196 2569 2818 2827 2865
56 2130 Schadpark
Barth
56 2254 2792 2809
Eberswalde
56 2003 2198 2764 2828
Neubrandenburg
56 2128 2162 2390 2473 2660 2830
Neustrelitz
56 2029 2057 2221 2227 2281 2414 2644 2663 2845 2916
56 2224 Schadpark

Pasewalk
56 2009 2025 2222 2356 2480 2677 2802 2843
56 2089 2125 2630 Schadpark
56 3002 Schadpark
Stralsund
56 2176 2238 2284 2483 2606 2645 2719 2817
56 2592 2801 2822 2875 2907 alle Schadpark
Templin
56 2563 2573

Die Angaben stammen aus den vorhandenen Betriebsbüchern und ersetzen jene aus der bisher kursierenden grob unrichtigen Liste selben Datums.

Im November 1955 begann der Auszug fast aller 56^{20} aus der Rbd Greifswald zu den Rbd Berlin, Cottbus und Erfurt. In den Monaten November und Dezember 1955 wurden vier Lok zur Rbd Berlin abgegeben. Zur Rbd Cottbus rollten 1955 vier und 1956 drei Lok. Die Rbd Erfurt erhielt im Jahre 1956 22, und in den Jahren 1957 und 1958 je acht Lok. Ausgemustert wurden am 9. Dezember 1955 56 2089, am 12. Juni 1956 56 2125, 2224, 2639, 2875 und am 10. Oktober 1957 56 2089. Die beiden Schadparklok 56 2592 und 56 2801 folgten 1959 zur Rbd Cottbus.

Reichsbahndirektion Halle

Am 14. September 1945 zählte die RBD Halle die fünf Lok 56 2025, 2130, 2480, 2606 und 2644; am 20. Dezember 1945 in Halle G die Kohlenstaublok 56 2130 (w L 4), in Leipzig Bayr. Bf 56 2644 und in Roßlau (Elbe) 56 2025, 2480 und 2606. Im Rahmen des Lokausgleiches 1947 sollte Halle 16 56^{20} an die RBD Greifswald abgeben, besaß jedoch nur fünf: 56 2480, 2606 und 2644 rollten im Mai 1947 ab; 56 2025 am 30. Juni und 56 2130 am 4. Juli – beide lt. Umsetzmeldungen. Im Juli 1947 gingen die Kohlenstaublok 56 2801, 2906 und 2907 von der RBD Magdeburg beim Bw Halle G – A-Park – zu und wurden im November 1947 zum Bw Bitterfeld umgesetzt. 56 2130 kehrte zur RBD Halle, Bw Bitterfeld, am 18. Juni 1948 zurück und wurde am 2. Mai 1952 zusammen mit 56 2801 wieder zur Rbd Greifswald abgegeben. Am 11. Dezember 1948 kehrten 56 2906 und 2907 nach Greifswald zurück (das Hin und Her der ehemaligen Kohlenstaublok).

Reichsbahndirektion Magdeburg

Die Lokzählung vom 14. September 1945 ergab beim RMA Aschersleben vier, beim RMA Magdeburg 23 und beim RMA Stendal drei 56^{20}. Gestrichen habe ich in den Listen vom 14. September 1945 und vom 9. November 1945 die späteren DB-Lok 56 2773 bzw. 56 2692 (sicher Schreibfehler). Am 9. November 1945 wurden 46 Lok gezählt:

Bw Aschersleben
56 2801 2906 2907
Bw Halberstadt
56 2152 2162 2182 2196 2221 2227 2238 2281 2299 2329
2356 2390 2749 2764 2818 2827 2830 2831 2843 2910
Bw Köthen
56 2321
Bw Magdeburg-Buckau
56 2149 2222 2377 2448 2792 2828 2845
Bw Oebisfelde
56 2003 2812
Bw Salzwedel
56 2089 2163 2425 2454 2573 2660
Bw Stendal
56 2009 2099 2224 2271 2802 2822 2916

56 2128 wurde 1945 nirgends gezählt, sondern erst im April 1946 beim Bw Oebisfelde neu zugesetzt. Im Rahmen der Lokbereinigung gab die RBD Magdeburg 1947 26 und im Jahre 1948 nochmals fünf Lok an die RBD Greifswald ab und war damit frei von 56^{20}.

Reichsbahndirektion Schwerin

Im Nordwesten der russischen Zone gab es kurzfristig zwei Direktionen: die am 15. August 1945 eingerichtete RBD Wittenberge für die Verwaltung der in dieser Zone liegenden Strecken und Dienststellen der RBD Hamburg sowie die „alteingesessene" RBD Schwerin. Letztere übernahm Wittenberge schon zum 1. Oktober 1945. Am 14. September 1945 zählte die RBD Schwerin sieben (Bw Güstrow drei, Bw Waren (Müritz) und Wismar je zwei), die RBD Wittenberge 14 in den Bw Hagenow Land und Wittenberge.

Am 10. Januar 1946 waren es insgesamt 22 (unterstrichen: betriebsfähig):

Bw Güstrow
56 2630
Bw Hagenow Land
56 2125 2284 2384 2557 2719 2915
Bw Rostock
56 2746
Bw Schwerin
56 2890 2913
Bw Waren
56 2865
56 3002
Bw Wismar
56 2473 2645
Bw Wittenberge
56 2562 2563 2569 2609 2677 2687 2809 2817

Im März 1946 überstellte die RBD Schwerin 56 2563, 2569, 2809 und 2817 zum Bw Probstzella und 56 2677 zum Bw Weißenfels. Bw Wittenberge, 1933 eine 56^{20}-Hochburg mit 40 Lok, besaß damit keine mehr. Lt. Umsetzer wurde 56 2915 am 16. Mai 1946 an die SMA abgegeben, am 17. Mai 1946 folgten 56 2384. 2557, 2562, 2609, 2687 und 2890. Diese Angaben dürften auch hier nur eine listenmäßige Bereinigung darstellen, da etliche Lok schon eher abrollten. Acht sollten 1947 zur RBD Greifswald abgegeben werden. Tatsächlich waren es die zehn Lok 56 2125, 2176, 2284, 2473, 2630, 2645, 2719, 2746, 2865 und 56 3002. Damit war auch die RBD Schwerin $G\,8^2$-frei.

Deutsche Reichsbahn – Rbd Erfurt

Neun Jahre nach dem „Auszug" der Reihe 56^{20} bei der Reichsbahndirektion Erfurt wurden ab 1956 fast alle Lok der Rbd Greifswald hierhin abgegeben: im Jahre 1956 22 und in den Jahren 1957 und 1958 je acht. Im Einzelnen waren dies nach den Greifswalder Umsetzmeldungen:

Januar 1956	56 2029 2414 2483 2792 2845
Februar 1956	56 2227 2573
März 1956	56 2843
April 1956	56 2254 2809 2818 2822 2109

Bild 203 – 56 2128 am 3. November 1962 in Saalfeld im Verschub, die Lok ist noch ohne Rangierfunk. Sie steht an der höchsten Stelle des „Eselsrückens". Neben der Lok das Abdrücksignal in der Stellung Ra 6: „Abdrücken verboten". Gedenken wir an dieser Stelle des gefährlichen Berufs des Hemmschuhlegers im Rangierdienst. Die Lok wurde am 3. April 1969 ausgemustert. AUFNAHME: GERHARD ILLNER

Mai 1956	56 2284		
Juli 1956	56 2281	2606	
August 1956	56 2025	2057	2827
September 1956	56 2001	2221	2196
Oktober 1957	56 2563		
April 1957	56 2644*	2830	
Mai 1957	56 2473		
Juni 1957	56 2176	2480	2764
August 1957	56 2645		
November 1957	56 2128		
Mai 1958	56 2569		
Juni 1958	56 2009	2222	
Juli 1958	56 2660	2677	
September 1958	56 2802		
Oktober 1958	56 2356		
Dezember 1958	56 2003		

* 56 2644 kam im April 1957 – wohl nur auf dem Papier – zum Bw Vacha, wurde ab 19. Juli 1958 im Raw Cottbus einer L 4 mit Rahmentausch unterzogen und kehrte am 30. Juni 1960 als 56 2130 (II) zum Bw Vacha zurück.

Im Januar 1956 trafen vier von der Rbd Berlin ein: 56 2198, 2817, 2822 und 2913 und im Juni 1960 bzw. Mai 1963 die letzten beiden Cottbuser: 56 2238 bzw 2916.

Schon am 24. September 1957 ordnete die HvM die Ausrüstung der im Verschiebedienst eingesetzten Lok der Reihe 56^{20} der Bw Erfurt G (8), Saalfeld (4) und Weißenfels (5) mit Rangierfunk an. Bereits 1957 begann der Rangierfunkbetrieb mit 56^{20} auf den Bahnhöfen Erfurt und Saalfeld sowie 1958 auf dem Bf Weißenfels; Vacha folgte als letztes Bw.

Am 1. Januar 1960 waren die Lok verteilt auf die Bw Erfurt G (15), Saalfeld (5), Sangerhausen (2), Vacha (7), Weimar (5) und Weißenfels (7).

Die Rbd Erfurt rüstete ab 1963 nach und nach – aber nicht gleichzeitig – 38 Lok mit Rangierfunk aus.

56	2001	2003	2009	2025	2029	2057	2128	2130	2176	2196
	2198	2221	2222	2227	2238	2254	2281	2284	2356	2414
	2480	2483	2563	2573	2645	2660	2677	2764	2792	2802
	2809	2817	2818	2822	2828	2830	2843	2845		

Bild 204
Grußkarten mit Eisenbahnmotiven sind heutzutage aus der Mode gekommen. Dieses mit **56 2480** des Bw Vacha vertrieb 1960 der Verlag E. Schulz Erben, Bad Salzungen. Der Aufnahmeort bleibt unklar: Dr. Paul Recknagel nennt die Strecke Dorndorf – Kaltennordheim zwischen Anschluss Menzengraben und Dietlas, während Günter Meyer angibt: Zug nach Bad Liebenstein-Schweina – Steinbach (Kreis Bad Salzungen).

AUFNAHME: SAMMLUNG EK-VERLAG

Bild 205
Nochmals die zum Bw Vacha gehörende **56 2480**, die angeblich im Mai 1965 mit ihrem Personenzug in Bad Liebenstein Halt macht. In Kürze wird der Zug Steinbach erreicht haben. Die Lok wurde am 28. Oktober 1968 beim Bw Vacha ausgemustert.

Aufnahme: Sammlung Axel Mehnert

Bild 206
56 2473 (Bw Vacha) fährt am 17. Mai 1966 mit P 2618 Steinbach – Bad Salzungen in Bad Liebenstein-Schweina ein. Die Lok schied am 5. September 1968 aus. Solche landschaftstypischen Empfangsgebäude mit Dienstwohnung für den Bahnhofsvorsteher gehörten damals zu fast jedem Ort.

Aufnahme: Günter Meyer, Sammlung Hans-Jürgen Wenzel

Bild 207
56 2254 (Bw Saalfeld) angeblich 1960 im Raw Cottbus. Am Tender trägt sie den Rangierfunknamen „Falke", obwohl von einer Antenne auf dem Dach nichts zu sehen ist. Vermutlich entstand die Aufnahme 1961, als sie zur Neubekesselung im Cottbus war (29.06.61). Sie war noch bis zur Abstellung/Ausmusterung am 13. Juni/5. September 1968 in Saalfeld im Einsatz.

Aufnahme: Georg Otte, Sammlung Hans-Jürgen Wenzel

Bild 208 – 56 2222 (Bw Sangerhausen) am 24. August 1968 mit Güterzug auf der Strecke Berga-Kelbra – Stolberg (Harz). Ihr Aufgabenbereich waren Güterzüge von und zu den Kalkgruben bei Rottleberode. Auf dem Tender hinter dem Werkzeugkasten befindet sich der Behälter für die Dosiereinrichtung. AUFNAHME: HANS MÜLLER

Bild 209 – Fast 50 Jahre stand sie im Dienst, die am 26. April 1919 abgenommene und am 17. Februar 1970 beim Bw Vacha abgestellte **56 2001**. Unsere Aufnahme zeigt die in Vacha beheimatete Lok nach der letzten Hauptuntersuchung im Raw Engelsdorf am 15. Oktober 1966. Beachtlich die großen Tritte und Handgriffe für den Rangierer.
AUFNAHME: BILDARCHIV RAW ENGELSDORF

Bild 210 – 56 2222 am 24. August 1968 in Sangerhausen, ihrem letzen Heimat-Bw, wo sie im September 1969 abgestellt wurde. Der letzte Raw Aufenthalt war in Halle: L 2 bis 31. Oktober 1967. AUFNAHME: HANS MÜLLER

Rangierfunk-56^{20} waren beheimatet in den Bw Erfurt G, Saalfeld, Weimar und Weißenfels sowie ab 1965 in den Bw Sangerhausen und Vacha. Im Januar 1965 waren 44 Lok vorhanden, die mit * bezeichneten mit Rangierfunk:

Bw Erfurt G
56 2025* 2029* 2176* 2198 2222 2227 2414* 2483* 2573* 2792* 2817* 2828* 2830* 2845* 2913 2916

Bw Saalfeld
56 2128* 2196* 2254* 2563* 2606 2677

Bw Sangerhausen
56 2003 2130 2238 2284* 2827

Bw Vacha
56 2001 2221 2473 2480 2569 2764

Bw Weimar (mit Lokbahnhof Göschwitz)
56 2009 2057 2645* 2660 2802* 2818*

Bw Weißenfels
56 2281* 2356* 2809* 2822* 2843*

In den Betriebsbüchern der Lok 56 2606 und 56 2916 ist angeblich auch der Einbau von Rangierfunk vermerkt; alle bekannten Listen der Rbd Erfurt ab 1964 nennen diese beiden nicht. Die Rangierfunklok bekamen Rangierfunknamen, oft von Lokführern, später mit R beginnend, und zum Schluss gab es je Bahnhof nur einen Namen (RABE 1, RABE 2, RABE 3 usw.). Der Name war nicht einer bestimmten Loknummer zugeteilt, sondern der/den dienstplanmäßigen Verschublok (Lok 1, Lok 2 usw.), die ja täglich wechseln konnten.

Oft konnten andere mithören, so berichtete lt. Dr. Paul Recknagel ein verstorbener DV des Bf Coburg, dass er bei gutem Wetter den Funk des Bf Eisfeld (DDR) hören konnte. Bekannt sind:

56 2003	RABE	Sangerhausen
2009	ROM	Göschwitz
2025	FABIAN	Erfurt
2057	RIGA	Göschwitz
2130	REBHUHN	Sangerhausen
2176	RISPE	Erfurt
2238	RUDEL	Sangerhausen
2254	FALKE, auch: REUTER	Saalfeld
2284	RUTH	Saalfeld
2414	REIHER	Weimar
2563	RUMBA	Saalfeld
2573	FRIEDA	Erfurt
2606	RENKE, auch: RUMBA	Saalfeld
2677	REIHER	Sangerhausen
2802	DOHLE	Göschwitz
2802	ROM	Göschwitz
2818	RIS	Göschwitz
2822	DROSSEL	Weißenfels
2830	FERDINAND	Erfurt
2843	RUTH, auch: REUTER	Saalfeld
2906	RENKE	Saalfeld

Im Februar 1966 waren 56^{20} noch eingesetzt auf den Bahnhöfen Bad Salzungen (2), Erfurt G (2), Saalfeld (4), Sangerhausen (3) und Weimar (3), während V 60 (neu: 106 bzw. 345/346) bereits in Eisenach (1) und Weißenfels (4) verschoben.

Theoretisch wurden noch acht Erfurter lt. U.-Plan vom Juni 1970 umgezeichnet: 56 2001, 2009, 2162, 2176, 2221, 2284, 2606 und 2916. Aber nur die beiden im Juni 1970 noch aktiven 56 2009 und 56 2916 dürften die neuen Nummern getragen haben.

Die letzten aktiven G 8^2 der Rbd Erfurt und zugleich auch der Reichsbahn – die beiden letzt genannten ohne Funk – waren:

56 2009	Bw Saalfeld	abg. 21.12.70	+ 22.02.71
2284	Bw Saalfeld	abg. 24.09.69	+ 28.07.72
2606	Bw Saalfeld	abg. 24.05.70	+ 30.09.70
2916	Bw Saalfeld	abg. 24.09.70	+ 12.04.71

Bild 211
Der Kessel der Erfurter **56 2176** trägt vier Aufbauten und das Führerhausdach eine Rangierfunkantenne. Aufnahme im Oktober 1967 in Halle, vermutlich wegen eines Raw-Aufenthalts. In Erfurt beheimatete Lok kamen planmäßig nicht nach Halle, zumal die Oberleitung zwischen Neudietendorf und Halle seit 22. September 1967 unter Strom stand.

AUFNAHME:
HANS SCHNEEBERGER

Bild 212
56 2390 (Bw Kamenz) mit einer ungewöhlich hohen Verkleidung über den Aussenzylindern im Juli 1964 bei Arnsdorf. Beim Bw Kamenz wurde sie am 20. Dezember 1967 ausgemustert.

AUFNAHME: RUDI LEHMANN

Bild 213
56 2606 (Bw Saalfeld) am 27. Juni 1968 mit Rangierfunknamen RECKE. Den Rangierfunk, erkennbar an der Dachantenne, hatte am 30. September 1966 das Raw Leipzig eingebaut. Die Lok wurde am 30. September 1970 ausgemustert und vom MAB Gerwisch zerlegt.

AUFNAHME:
MR. PHARM. ALFRED LUFT

Bild 214 – Am 15. Mai 1959 restaurierte die Rangierfunklok **56 2817** des Bw Erfurt in ihrem Heimat-Bw. Sie wird noch achteinhalb Jahre im Dienst stehen. Die Kohle hätte Lokführer Gerhard Moll als „stückfreie“ Kohle bezeichnet. AUFNAHME: GERHARD ILLNER

Bild 215 – Die Saalfelder **56 2843** hat am 30. Juni 1968 einem im Bahnhof Saalfeld abfahrbereit stehenden Zug den Expressgutwagen beigestellt, einen G-Wagen des früheren Gattungsbezirks Oppeln. Rangierfunk hatte sie am 1. Februar 1966 im Raw Leipzig erhalten. Wenig später, am 28. November 1968, wurde die Lok abgestellt und am 28. November 1968 ausgemustert. AUFNAHME: HARALD NAVÉ, SAMMLUNG ALFRED LUFT

Bild 216 – Fast meint man, alle DR-G 8^2 seien zuletzt in Saalfeld gewesen. **56 2563** im August 1963 in ihrem Heimat-Bw mit zwei Strahlpumpen. Sie wurde am 27. Juni 1969 ausgemustert. Links von der Lok die berühmte Brücke, von den Eisenbahnern spöttisch „Affenfelsen" genannt. Hier hatte man einen guten Überblick über den Bahnhof und das Bahnbetriebswerk.
AUFNAHME: DIETER WÜNSCHMANN

Bild 217 – 56 2802 vom Bw Weimar mit Rangierfunknamen ROM im Bahnhof Göschwitz (Saalbahnseite). Der Lokbahnhof Göschwitz wechselte im Oktober 1967 vom Bw Weimar zum Bw Saalfeld (Saale). Die Lok schied am 5. Dezember 1968 beim Bw Saalfeld aus. AUFNAHME: HELMUT CONSTABEL, SAMMLUNG STEFAN CARSTENS

Sowjetische Beutelokomotiven und deren Verbleib

In einer Aufstellung im Archiv des Wirtschaftsministeriums Moskau, übermittelt und übersetzt von György Villány, sind 22 56^{1} und 41 56^{20} als Trophäenlok genannt. Es handelt sich nicht um auf dem Territorium der Sowjetunion stehengebliebene Lok, sondern um solche, die in den besetzten Gebieten erfasst wurden.

Die Einteilung der Bezirke („Archivband") dürfte nicht unbedingt geografischen Begriffen entsprechen. Bei der für „Austria" genannten 56 125 muss es sich um einen Schreibfehler handeln (Verwechslung mit 56 3125 oder Tr12-125?), da 56 125 in der Sowjetzone verblieb. Auch 56 2440, 2621 und 2706 treffen nicht zu, sie verblieben der DB. Die definitiven Verbleibe (letzte Spalte) sind von mir zugesetzt.

	Archivband	Erfassungsort	Datum	Verbleib
56 109	Germany 2	Rosslau	30.05.45	DR
56 113	Berlin	Rummelsburg	23.05.45	DR
56 114	Berlin	Rummelsburg	21.05.45	DR
56 123	Germany 2	*Sterbach*	30.05.45	DR
56 124	Germany 2	Jüterbog	31.05.45	DR
56 125*	Austria	Wien-FJB	08.09.45	DR
56 127	Germany 2	Jüterbog	31.05.45	DR
56 134	Germany 2	Rosslau	30.05.45	DR
56 135	Berlin	Rummelsburg	23.05.45	DR
56 137	Berlin	Rummelsburg	21.05.45	DR
56 138	Berlin	Rummelsburg	25.05.45	DR
56 144	Poland	Frankfurt (O)	26.05.45	PKP
56 146	Germany 2	Rosslau	30.05.45	DR
56 148	Berlin	Rummelsburg	21.05.45	DR
56 150	Poland	Frankfurt (O)	26.05.45	PKP
56 151	Oder		o. Datum	DR
56 154	Berlin	Rummelsburg	28.05.45	DR
56 160	Berlin	Tempelhof	21.05.45	DR
56 161	Germany 2	Jüterbog	31.05.45	DR
56 165	Berlin	Rummelsburg	24.05.45	DR
56 174	Berlin	Tempelhof	21.05.45	DR
56 181	Berlin	Tempelhof	21.05.45	PKP
56 2025	Germany 2	Rosslau	30.05.45	DR
56 2028	Poland	Poznań	24.05.45	PKP
56 2073	Poland	Poznań	24.05.45	PKP
56 2077	Katowice	Poland	11.05.45	PKP
56 2079	Poland	Poznań	26.05.45	PKP
56 2201	Poland	Poznań	26.05.45	PKP
56 2202	Poland	Jelcz	03.05.45	PKP
56 2217	Poland	Poznań	26.05.45	PKP
56 2260	Poland	Poznań	16.05.45	PKP
56 2310	Poland	Poznań	16.05.45	PKP
56 2343	Poland	Poznań	16.05.45	PKP
56 2343	Germany 2	Cottbus	19.05.45	dopp.
56 2383	Poland	Cottbus	27.06.45	PKP
56 2396	Poland	Skarzysko-Kamienna	10.05.45	PKP
56 2402	Poland	Ostrów	19.05.45	PKP
56 2403	Poland	Czȩstochowa	10.05.45	PKP
56 2403	Poland	Ostrów	13.05.45	dopp.
56 2410	Poland	Poznań	14.05.45	PKP
56 2422	Poland	Poznań	24.05.45	PKP
56 2440*	Katowice	Poland	06.05.45	DB
56 2441	Poland	Poznań	16.05.45	PKP
56 2479	Gdańsk	Bydgoszcz Hbf	24.04.45	PKP
56 2480	Germany 2	Wittenberg	30.05.45	DR
56 2485	Poland	Łódź	16.05.45	PKP
56 2592	After Oder	Teterow	29.05.45	DR
56 2604	Poland	Jelcz	03.05.45	PKP
56 2606	Germany 2	Rosslau	30.05.45	DR
56 2608	Gdańsk	Bydgoszcz Hbf	24.04.45	PKP
56 2621*	Poland	Poznań	16.05.45	DB
56 2626	Oder	Neubrandenburg	30.05.45	PKP
56 2631	Poland	Poznań	16.05.45	PKP
56 2641	Czechoslovakia	Mladá Boleslav	29.05.45	ČSD
56 2641		Hradec	01.06.45	dopp
56 2643	Czcchoslovakia	Mladá Boleslav	29.05.45	ČSD
56 2643		Hradec	01.06.45	dopp
56 2700	Poland	Rawicz	08.05.45	PKP
56 2700	Katowice	Poland	10.05.45	dopp.
56 2706*	Czechoslovakia	Pardubice	25.05.45	ČSD ?
56 2706		Praha	01.06.45	dopp
56 2732	Poland	Poznań	24.05.45	PKP
56 2788	Poland	Ostrów	12.05.45	PKP
56 2806	Poland	Poznań	26.05.45	PKP
56 2809	Poland	Rawicz	07.05.45	DR
56 2833	Poland	Leszno	16.05.45	PKP
56 2833	Eastern Prussia	Bartenstein	21.05.45	dopp.
56 2853	Poland	Poznań?	19.05.45	PKP
56 2858	Poland	Rawicz	07.05.45	PKP
56 2865	After Oder	Teterow	29.05.45	MPS
56 2871	Poland	Poznań	26.05.45	PKP
56 2896	Poland	Ostrów?	24.05.45	PKP
56 2898	Berlin	Rummelsburg	25.05.45	PKP
56 2905	Poland	Poznań	24.05.45	PKP

* siehe Vorbemerkung

Ausland

Die Auslandseinsätze der Lok beschränken sich, abgesehen von den G 8^{2}-Einsätzen im besetzten Russland ab 1941, auf die Zeit nach 1945.

Niederlande

56 2408 gelangte mit 17 248 und 50 2447 vor Zügen der US-Armee in die Niederlande und tat ab August 1945 bei den **Niederländischen Eisenbahnen** (Nederlandse Spoorwegen; NS) im Bw Eindhoven Dienst. Sie trug zusätzlich zur (durchgestrichenen) Reichsbahn-Betriebsnummer die NS-Nummer 4551, ab Oktober 1945 4751. Die Lok wurde am 23. Mai 1947 an die RBD Münster übergeben und war zuletzt beim Bw Oldenburg Vbf in Dienst.

Österreich

Zwei Lokomotiven werden bei den **Österreichischen Bundesbahnen** (ÖBB) gemeldet. Im Jahre 1944 lief die Ostlok 56 2228 der RBD Halle bei der RBD Linz, Bw Wels, zu. Sie war ab März 1945 beheimatet im Bw Attnang-Puchheim und ab Mai 1945 in Braunau abgestellt. Am 4. November 1950 wurde sie an die DB überstellt, dem Bw Neustadt (Weinstr) zugewiesen, tat aber keinen Dienst mehr, sondern wurde am 22. November 1950 ausgemustert.

56 2344 kam am 30. November als Rückführlok des Bw Gleiwitz zum Bw Knittelfeld und blieb dort bis zur Ausmusterung am 15. Februar 1953. Im Entwurf zum U-Plan aus 1951 war sie noch als Reihe 756 vorgesehen.

Bild 218
56 2408 gelangte mit einem Zug der US-Truppen in die Niederlande und tat dort als NS 4551, ab Oktober 1945 als NS 4751 in Eindhoven Dienst. Die Reichsbahn-Nummer blieb stehen, allerdings durchgestrichen. Auf unserer Aufnahme steht sie offenbar versandfähig nach Deutschland mit abgenommenen Treibstangen in Eindhoven. Ihr Führerhaus trägt noch die Platte der Behelfspanzerung. Die Lok wurde der DR-brit. Zone übergeben und tat nach einer L 4 im RAW Bremen (11. März 1949) in Oldenburg Vbf Dienst.

AUFNAHME: H.G. HESSELINK/ SAMMLUNG HANS-JÜRGEN WENZEL

Polen

Die **Polnischen Staatsbahnen** (Polskie Koleje Państwowie; PKP) übernahmen aus dem sowjetischen Beutebestand auf ihrem Territorium 16 Lok der Reihe 56^1 und 52 Lok der Reihe 56^{20}. Nachstehende Tabelle enthält die Freigabe (unter DR-Nummer) durch die Sowjets für die PKP. Die Schadgruppen: Naprawa średnia (Zwischenuntersuchung) und Naprawa główna (Hauptuntersuchung).

Die PKP war eingeteilt in die zehn Direktionen (Dyrekcija Okręgowa Kolej Państwowich: DOKP) Gdańsk = Danzig, Katowice = Kattowitz, Kraków = Krakau, Łódź = Lodsch, Olsztyn = Allenstein, Poznań = Posen, Szczecin = Stettin, Warszawa = Warschau und Wrocław = Breslau. Kraków und Lublin besaßen keine Tr3 oder Tr6.

Tr3	ex 56	Freigabe	DOKP	Anmerkungen
1	56 144	07.01.46	Łódź	betriebsfähig
2	56 117	keine Freigabe bekannt		Schadlok
		22.09.46 DOKP Poznań; 29.10.46 an DOKP Wrocław		
3	56 118	20.12.45	Gdańsk	warten auf ZU
4	56 132	30.01.46	Warszawa	warten auf ZU
5	56 133	06.12.45	Szczecin	warten auf ZU
6	56 136	04.02.46	Olsztyn	in Betrieb
7	56 140	05.12.45	Poznań	wartet auf HU
8	56 141	05.12.45	Poznań	warten auf ZU
9	56 148	06.12.45	Poznań	wartet auf HU
10	56 150	18.01.46	Łódź	betriebsfähig
11	56 155	05.12.45	Poznań	wartet auf HU
12	56 158	05.12.45	Poznań	warten auf ZU
13	56 174	05.12.45	Poznań	warten auf ZU
14	56 179	15.12.45	Szczecin	wartet auf HU
15	56 180	05.12.45	Poznań	warten auf ZU
16	56 181	03.01.46	Łódź	betriebsfähig

1946 waren zehn der DOKP Wrocław (Breslau) zugeteilt, zwei der DOKP Szczecin (Stettin) und je eine den DOKP Gdańsk (Danzig), Łódź, Poznań (Posen) und Warzsawa. Alsbald wurden sie in der DOKP Wrocław zusammengezogen, wo sie bis Mitte der fünfziger Jahre ausschieden. Eine Tr3 ist nicht erhalten, auch sind keine Bilder bekannt. Die Ausmusterungen sind bekannt:

Tr3-1	+ 20.09.50
Tr3-2	+ 28.08.53 oder 10.09.53 (zwei Datumsangaben vorhanden)
Tr3-3	+ 25.06.52
Tr3-4	+ 30.10.54 oder 04.11.54 (zwei Datumsangaben vorhanden)
Tr3-9	+ 07.11.52
Tr3-10	+ 30.06.54
Tr3-11	+ 25.04.52
Tr3-12	+ 03.09.52
Tr3-13	+ 25.04.52
Tr3-16	+ 30.06.55

Die vier Lokomotiven Tr3-5, 7, 8 und 14 wurden verkauft an die Liegnitzer Metallhütte (Legnickie Zakłady Metalowe w Legnicy) sowie Tr3-6 am 4. September 1954 an das Zementwerk Groschowitz (Cementownia Groszowice). An einen nicht bekannten Erwerber ging am 25. April 1952 Lok Tr3-15.

Tr6	ex 56	Freigabe	DOKP	Anmerkungen
1	56 2077	02.02.46	Katowice	in Betrieb
2	56 2201	05.12.45	Poznań	warten auf ZU
3	56 2479	21.12.45	Gdańsk	warten auf ZU
4	56 2640	31.01.46	Katowice	in Betrieb
5	56 2872	11.12.45	Wrocław	betriebsfähig
6	56 2073	04.12.45	Poznań	HU
7	56 2079	05.12.45	Poznań	wartet auf HU
8	56 2202	10.01.46	Wrocław	HU (ZNTK Oleśnica)
9	56 2217	04.12.45	Poznań	HU
10	56 2260	04.12.45	Poznań	HU
11	56 2383	31.12.45	Wrocław	HU
12	56 2402	18.01.46	Łódź	in gutem Zustand
13	56 2422	05.12.45	Poznań	wartet auf HU
14	56 2485	03.01.46	Łódź	in gutem Zustand
15	56 2551	04.12.45	Poznań	warten auf ZU
16	56 2604	10.01.46	Wrocław	HU (ZNTK Oleśnica)
17	56 2626	06.12.45	Szczecin	ZU
18	56 2745	09.03.46	Wrocław	in Betrieb
19	56 2821	04.12.45	Poznań	warten auf ZU
		30.06.46		an ZNTK Oleśnica
20	56 2858	15.12.45	Szczecin	ZU

21	56 2896	04.12.45	Poznań	HU
		01.02.46		an DOKP Wrocław
22	56 2035	06.01.46	Gdańsk	in Betrieb
23	56 2249	07.01.46	Łódź	in gutem Zustand
24	56 2410	04.12.45	Poznań	HU
25	56 2028	04.12.45	Poznań	warten auf ZU
26	56 2151	16.12.45	Wrocław	ZU
27	56 2170	04.02.46	Warszawa	wartet auf HU
28	56 2343	21.12.45	Gdańsk	ZU
29	56 2392	07.01.46	Łódź	wartet auf HU
30	56 2396	03.01.46	Łódź	in gutem Zustand
31	56 2403	07.01.46	Łódź	in gutem Zustand
32	56 2441	05.12.45	Poznań	wartet auf HU (ZNTK Oleśnica)
		01.02.46		an DOKP Wrocław
33	56 2468	11.03.46	Wrocław	ZU
34	56 2631	05.12.45	Poznań	wartet auf HU
35	56 2636	20.12.45	Wrocław	ZU (ZNTK Wrocław Nadodrze)
36	56 2700	06.02.46	Katowice	in Betrieb
37	56 2732	17.12.45	Poznań	ZU
38	56 2788	05.12.45	Poznań	wartet auf HU
39	56 2795	11.03.46	Wrocław	in Betrieb
40	56 2796	16.12.45	Wrocław	wartet auf HU
41	56 2804	31.01.46	Katowice	in Betrieb
42	56 2806	05.12.45	Poznań	wartet auf HU
43	56 2833	07.02.46	Warszawa	in gutem Zustand
44	56 2853	04.02.46	Olsztyn	in Betrieb
45	56 2869	16.12.45	Wrocław	in Betrieb
46	56 2871	06.12.45	Poznań	ZU
47	56 2905	05.12.45	Poznań	wartet auf HU
48	56 2310	06.12.45	Poznań	HU
49	56 2608	21.12.45	Gdańsk	ZU
50	56 2891	04.02.46	Olsztyn	in Betrieb
51	56 2898	04.12.45	Poznań	ZU
52	56 2899	21.12.45	Gdańsk	wartet auf HU

Die Umzeichnung der 52 Lok der Reihe 56^{20} in Reihe Tr6 erfolgte zwischen Oktober 1946 und März 1947. Das genaue Datum des Umzeichnungsplanes ist immer noch nicht bekannt. Die Lok Tr6-14, 21 und 32 waren nur kurz, Lok Tr6-16, 19, 21, 35 und 40 gar nicht in Betrieb gewesen, sondern standen indessen meist in Erwartung weiterer Entscheidungen herum.

Ende 1946 waren die Tr6 verteilt auf die DOKP Gdańsk (4), Łódź (6), Olsztyn und Warszawa (je 1), Poznań und Szczecin (je 2) und Wrocław (36); nur letztere Direktion besaß betriebsfähige. Am 1. Oktober 1948 waren beheimatet je eine in den DOKP Łódź und Warszawa, zwei in der DOKP Szczecin, vier in der DOKP Gdańsk (alle „chory“ = nicht betriebsfähig) sowie 27 betriebsfähige und 17 nicht betriebsfähige in der DOKP Wrocław.

Am Stichtag 1. Januar 1952 waren alle noch vorhandenen 47 Lok in der DOKP Wrocław vereint, davon 34 betriebsfähig. 1958 war eine in der DOKP Poznań eingesetzt; Tr6-48 (ex 56 2310), die bei Übernahme des Bw Zagań (Sagan) von der DOKP Wrocław mit den Lok dieses Bw zuging, aber im Juni 1958 zurück gegeben wurde.

Zwei schieden recht bald aus: Tr6-35 und 40 im Jahre 1949, gefolgt im Jahre 1950 von Tr6-19. Die schwer beschädigte Tr6-27 wurden nach der Statistik zwischen dem 1. Juli 1949 und dem 1. Mai 1951 ausgemustert, ein genaues Datum ist nicht bekannt.

Beheimatet waren die Lok ab 1952 ausschließlich in der DOKP Wrocław. Heimat-Bw waren die MD (Bw) Jelenia Góra (Hirschberg), Kamieniec Ząbkowicki (Kamenz), Klodzko (Glatz), und Węgliniec (Kohlfurt). Schwerpunkte waren Jelenia Góra (21 Lok im Januar 1959), Klodzko (19 Lok in den Jahren 1966 und 1967) oder Węgliniec (8 Lok im Januar 1965).

Es schieden je eine aus in den Jahren 1958 (Tr6-21) und 1961 (Tr6-24). 1955 wurde Tr6-38 an KWK (Kohlengrube) Bielszowice verkauft. Verkäufe sind keine weiteren bekannt. Wohl dienten etliche Tr6 als Heizlok. Zwei Ausmusterungen waren es in den Jahren 1954 (Tr6-16, 33), 1957 (Tr6-14, 32), 1964 (Tr6-10, 13) und 1966 (Tr6-22, 49) sowie je drei in den Jahren 1963 (Tr6-12, 31, 37) und 1967 (Tr6-4, 11, 18). Alsbald verringerte sich der Bestand rasch:

+ 1968	1	5	7	9	17
	23	28	50		
+ 1969	15	20	25	26	29
	45	46	47	48	52
+ 1970	2	6	8	34	42
+ 1971	30	41	44	51	
+ 1972	3	36	39	43	

Bild 219
Tr6-24 (**56 2410**) vom Bw Kłodzko (ehemals Glatz) auf Rangierfahrt. Der Lichtmaschinenabdampf geht ins Freie, ein Zeichen dafür, dass der Vorwärmer ausgebaut ist.

Aufnahme: Traditions Room Dolnoslaska DOKP Wrocław

Bild 220
Tr6-39 (ex Bw Węgliniec, zuvor **56 2795**) wartet am 20. Februar 1973 in Tarnowskie Góry auf ihre weitere Verwendung. Inzwischen steht sie im Museum Warszawa Główna (Stacja Muzeum).

Aufnahme: Andrzej Susicki

Bild 221
Tr6-41 um 1970 abgestellt im Bw Węgliniec (zuvor **56 2804**). Die Lok schied 1971 aus.

Aufnahme: Sammlung Hans-Jürgen Wenzel

Bild 222
Tr6-39 (**56 2795**) steht mit der Beschriftung Par. Miłkowice (ehemals Arnsdorf) neben anderen als Ausstellungsstück in Warszawa Główna (Stacja Muzeum). Die Treibstange ist abgebaut. Das Bild entstand am 19. Oktober 2019.

Aufnahme: Tomasz Roszak

Bild 223
Werkbild der CFR-Lok **140452** (Hanomag 1921/9950) mit Ölzusatzfeuerung. Die Lok wurde 1945 in die Sowjetunion abgefahren.

AUFNAHME: WERKBILD HANOMAG

Als letzte wurde Tr6-3 (56 2479) am 21. Dezember 1972 ausgemustert. Tr6-39 (56 2795) war schon am 19. Januar 1972 beim MD Węgliniec ausgemustert worden, stand lange in Tarnowskie Góry und steht inzwischen in Warszawa Główna (Stacja Muzeum).

Rumänien

Die **Rumänischen Staatsbahnen** (Căile Ferate Române; CFR) erwarben 1921 von den vier deutschen Werken Hanomag, Henschel, Jung und Linke-Hofmann 104 G 8^2-Lok und erteilten ihnen die Betriebsbummern 140.401-504.

140.401-440	Henschel & Sohn	1921/18535-18574
140.441-452	Hanomag	1921/9939-9950
140.453-476	Henschel & Sohn	1921/18949-18972
140.477-486	Jung	1922/3291-3300
140.487-504	Linke-Hofmann	1921/2518-2535

Im Juli 1926 kauften die CFR von der Reichsbahn 20 Lok der Reihe 38^{10} sowie je 40 Lok der Reihen 56^{20} und 57^{10} an. Die HVR (34.D.9378) legte am 23. Juli 1926 die Abgabe-Direktionen fest. Von den 56^{20} kamen 20 von der Rbd Essen, zehn von der Rbd Kassel und je fünf von den Rbd Halle und Hannover. Sie erhielten die CFR-Betriebsnummern

140.505-509	ex 56	2133	2135	2157	2169	2210
140.510-514	ex 56	2219	2239	2264	2293	2294
140.515-519	ex 56	2348	2354	2443	2445	2446
140.520-524	ex 56	2470	2564	2565	2566	2570
140.525-529	ex 56	2571	2572	2578	2580	2591
140.530-534	ex 56	2662	2669	2690	2703	2704
140.535-539	ex 56	2708	2718	2728	2729	2730
140.540-544	ex 56	2730	2744	2748	2781	2798

Haupteinsatzgebiet war die gebirgige Strecke Ploieşti – Câmpina – Predeal – Braşov, u. a. über den bekannten Predeal-Pass. Dazu waren sie den Depots Ploieşti, Câmpina und Braşov zugewiesen. Auf bestimmten Abschnitten wurden die Güterzüge mit Vorspann und bei entsprechender Last sogar mit zwei Zuglok und zwei Schiebelok gefahren.

Die Lok besaßen Ölzusatzfeuerung. Der Tender fasste 4,5 m^3 Öl und 5 m^3 (so! nicht t) Kohle. Jedenfalls die in Deutschland gebauten Lok bekamen ab Werk Ölzusatzfeuerung, wie das Bild der Überführungsfahrt einer Jung-Lieferung beweist. Die Höchstgeschwindigkeit belief sich auf 65 km/h. Zuständig für Reparaturen war die Werkstatt Griviţa.

Im Zweiten Weltkrieg besserten deutsche RAW in den Monaten September bis Dezember 1942 insgesamt 20 G 8^2 der CFR aus:

Bild 224
Hinter der CFR-Lok 140521 verbirgt sich die von der DR gekaufte Lok **56 2564**. Zum Zeitpunkt der Aufnahme am 3. August 1970 war sie schon Werklok des Combinatul Petrochimic Gh. Georghiu Dej (seit November 1961). Sehr gut erkennbar ist der Tank für die Ölzusatzfeuerung. Der Kohlenkasten ist leer; offenbar fuhr die Lok nur mit Öl.

AUFNAHME: HERBERT STEMMLER

Bild 225 – Fünf der zehn von Jung für Rumänien gebauten G 8^2 auf dem Weg nach Südosteuropa, offenbar auf einem Zwischenhalt. Es führt die im April 1922 gelieferte **140 477** (Jung 1921/3291) AUFNAHME: WERKBILD JUNG, SAMMLUNG STEFAN LAUSCHER

RAW Cottbus	140 405, 407, 437, 445, 462, 478, 543
RAW Nied	140 412, 416, 434, 444, 535
RAW Schwerte (Ruhr)	140 414, 424, 435, 464, 467, 486, 515, 539

Im Jahre 1945 musste die CFR auf Grund von Art. 11 des Waffenstillstandsvertrages mit der Sowjetunion 150 Vollspur- und 13 Schmalspurlok an diese abtreten. Diese wurden in der Mitteilung der Direcţiunea Tracţiunii (Traktionsdirektion) vom 20. Oktober 1945 genannt: 25 50.0 (G 10), 124 140.4 (G 8^2), Lok 151 001 und 13 Schmalspurlok der Reihe 764.1. Die 124 G8^2 waren:

140 401, 402, 404-413, 415-430, 432, 434-441, 443, 444, 446-450, 452-471, 473, 474, 476, 477, 479-486, 488-495, 497-512, 514-516, 518-520, 522-528, 530, 533-536, 538-542, 544

Es blieben lediglich 18 G 8^2 im Lande, davon acht ehemalige DR-Lok (ab Nr. 513):

140 403	414	431	442	445	472	475	478	487	496
140 513	517	521	529	531	532	537	543		

Unbekannten Verbleibs sind 140.433 und 451, vermutlich Kriegsverluste.

Im November 1953 waren noch sechzehn vorhanden, davon sieben betriebsfähige. Verschiedene waren als Werklok tätig.

140.414	1. Nov. 1961	Uzina Electrică Doiceşti
149.431	1. Nov. 1960	Rafinăria Borzeşti
140.472	1. Febr. 1960	Combinatul Siderurgic Hunedoara (CSH)
140.521	1. Nov. 1961	Combinatul Petrochimic Ghe Georghuj Dej.

Zwei wurden Werklok bei der CFR:

140.478	1960	Atelierele Simeria
140.537	27. Apr. 1964	Depoul Bucureşti Triaj

Als wohl letzte wurde 140.414 im Jahre 1971 zerlegt.

Bild 226 – CFR-**140 439** (Henschel 1921) als Vorspannlok vor einem Güterzug auf dem Abschnitt Braşov – Predeal im Jahre 1940. Nach dem rumänischen Bildtext wurde dieser Zug von zwei G 8^2 nachgeschoben und war handgebremst, ersichtlich an den Bremerhäusern. AUFNAHME: SAMMLUNG ILIE POPESCU

Bilder 227 und 228
Aus der Frühzeit der CFR-G 8^2 stammen diese beiden undatierten Aufnahmen: CFR-**140 503** (Linke-Hofmann 1921) als Vorspannlok vor einer weiteren G 8^2 vor einem Güterzug bei Timişul de Sus auf dem Anstieg zum Predeal-Pass.

AUFNAHMEN (2): SAMMLUNG ILIE POPESCU

Sowjetunion

Der Sowjetunion verblieben etliche von den deutschen Besatzern im Land zurückgelassene sowie aus den besetzten Ländern abgefahrene 56^{20}. In einer Trophäenliste des Wirtschaftsministeriums Moskau sind 46 56^{20} meist in Polen oder den besetzten deutschen Ostgebieten erbeutete Lok genannt, nicht aber die in der Sowjetunion verbliebenen. Die in der Sowjetunion selbst übernommenen DR-Lok waren längst eingegliedert worden. Im Oktober 1945 musste die CFR 124 G 8^2 (Serie 140.401-544) abgeben, alle waren am 1. Januar 1946 in der Lwowskaja Zh.D. (Lemberger Direktion, heute: Lviv), soweit 1952 vorhanden, umgezeichnet als Reihe TO. Ein Bild der TO-524 zeigt sie mit kleiner russischer Rauchkammertüre und Mittelpufferkupplung, also offenbar auf Breitspur umgebaut. Die ehemals rumänischen Lok taten u.a. Dienst im Depot Chisinău (Kishinev) in Bessarabien, heute Moldauische Republik. An Hand der St. Petersburger Lokkartei sind 82 sowie 24 aus der DR abgefahrene 56^{20} zu nennen, etliche Doppelnummern sind nicht berücksichtigt. Nicht alle kamen zum MPS (Ministerstwo Putej Soobschtschenia = **Ministerium für das Verkehrswesen**).

Für die Brest-Litowsker Direktion sind in der St. Petersburger Lokkartei verzeichnet (April 1947):

56 2182 2271 2299 2329 2384 2425 2448 2454 2557 2562
2609 2632 2687 2698 2749 2812 2814 2831 2890 2910
2915

Für die Litauische Direktion sind vermerkt:

56 2099 (abg. Insterburg) 56 2282 (abg. Rothstein)
2400 (abg. Trausitten)

Etliche kamen zu Industriebetrieben. In der Lokkartei stehen nicht die Werke, sondern nur der Vermerk „Ind.". Bekannt ist nur 56 2614 beim Kombinat „Magnesit", Stadt Ssatka (registriert am 02.06.52), 75 km westlich Zlatoust, Süd-Ural.

Als letzte MPS-56^{20} wurden im September 1954 56 2760 und 56 2835 ausgemustert. Länger hielten sich die rumänischen G 8^2, von denen die letzten erst 1968 ausschieden: 140.418, 424, 454, 489, 506, 515 und 525. Auch von ihnen dürften einige in Industriebetrieben überlebt haben.

Dagegen verlieb der MPS nur eine G 8^3: die 1946 bei der lit. Direktion ausgemusterte 56 182.

Bild 229
TO-490 der Lemberger Direktion ex CFR-140 490 am10. August 1962 in Tarnopol.

AUFNAHME:
JOSEF OTTO SLEZAK,
ARCHIV HELMUT GRIEBL

Bild 230
TO-471 der Lemberger Direktion ex CFR-140 471 mit kleiner Rauchkammertür.

AUFNAHME:
SAMMLUNG HANS-JÜRGEN WENZEL

Bild 231
TO-524 ex CFR-140 524 war ursprünglich die DR-Lok **56 2570**. Beachtlich auch hier die kleine Rauchkammertür und der bei der MPS übliche Werkzeugkasten auf dem Umlauf.

AUFNAHME:
KEITH CHESTER,
SAMMLUNG UWE BERGMANN

Bild 232
45 030 (Nohab 1931/1861) am 4. September 1953 in Ankara.

AUFNAHME: ANTHONY EDWARD DURRANT, SAMMLUNG EK-VERLAG

Bild 233
45 048 (Nohab 1935/1837) mit Kuhfänger und Funkensieb vor einer weiteren Lok der Reihe 45 im Depo Erzincan.

AUFNAHME: HERBERT STEMMLER

Tschechoslowakei

Lediglich vier 56^{20} sind im Bereich der **Tschechoslowakischen Staatsbahnen** (Československé Státní Dráhy; ČSD) nachgewiesen, alle Ostrückführlok der RBD Breslau. Im Mai 1945 wurden 56 2641 und 2643 in Trutnov (Trautenau) erfasst, 56 2706 in Přerov (Prerau) sowie 56 2786 im Oktober 1945 in Cheb (Eger). 56 2643 war angeblich im Januar 1946 in Česká Třebová (Böhmisch Trübau) betriebsfähig. Alle anderen blieben abgestellt – so noch Ende 1950. 56 2786 bekam als einzige die vorläufige Nummer 437.0500 und wurde am 18. Juli 1956 beim Depo Česká Lípa (Böhmisch Leipa) ausgemustert. Die Ausmusterungsdaten der drei anderen sind nicht bekannt.

Türkei

In den Jahren 1927-1935 erwarben die **Türkischen Staatsbahnen** (Türkiye Cumhuriyeti Devlet Demiryolları, TCDD) 62 G 8^2-ähnliche Lok von den Firmen Nydquist & Holm AB, Trollhättan (NOHAB) und Ateliers Métallurgiques Nivelles, Tubize et La Sambre (Tubize). Sie wurden als 45 001-062 eingereiht:

45 001-006	NOHAB	1927/1781-1786
007-016	NOHAB	1928/1803-1811
017-024	Tubize	1928/2074-2082
025-026	NOHAB	1931/1848-1849
027-030	NOHAB	1931/1858-1861
031-038	NOHAB	1932/1862-1869
039-045	NOHAB	1934/1928-1934
046-062	NOHAB	1935/1935-1951

Die Firma Nydquist & Holm übernahm 1927 die Leitung eines Konsortiums, das den Bau der Strecken Fevzipaşa – Dıyarbekir und Irmak – Filyos (Zonguldak) plante sowie durchführte und auch die Betriebsführung übernahm. 1931 bis 1933 wurde die erste, 1937 die zweite Strecke eröffnet. Die NOHAB lieferte auch 18 G 10 (55 001-018), 15 C-n2-Tenderlok (33 11-25) und zehn 1'C-h2-Schlepptenderlok (34 051-060) sowie 1.500 Reisezug- und Güterwagen. Vor der Fertigstellung durchgehender Verbindungen wurden die ersten Lok per Schiff in Samsun angelandet. Wegen der Hafenverhältnisse im Samsun mussten von den Frachtdampfern Rahmen, Kessel und Tender gesondert per Kran in Lastkähne umgeladen werden.

Bild 234
Da leider von den 56^1 und 56^{20} nur sehr wenige Farbfotografien existieren, zeigen wir an dieser Stelle eine Reihe von Aufnahmen der türkischen G 8^2 in Farbe.

Die Strecke dieses GmP misst 918 km und umfasst mehrere Bergstrecken, beginnt in Ulukışla (nördlich Adana) und führt über Kayseri und Sivas, wo Kopf gemacht wird, weiter über Amasya nach Samsun am Schwarzen Meer. Die Route überwindet das Taurusgebirge, das Hochland von Anatolien und das Pontische Gebirge zum Schwarzen Meer. Die vier Bilder entstanden am 31. März 1975 auf diesen Strecken.

Bild 235
45 057 mit einem GmP in einem nicht näher bezeichneten Bahnhof.

Bild 236
Eine Vorspannleistung: Zwei TCDD-45 auf einer leider nicht bekannten Rampe.

Bild 237
45 020 besaß wie einige Schwesterlok einen Bahnräumer.

Bild 238
Inselbetrieb herrschte zwischen Ereğli und Armutçuk (seit 2003: Kandilli): Die Lücke zwischen Armutçuk und Zonguldag wurde nie geschlossen. Das größte türkische Stahlwerk in Ereğli bezog Kohle in drei täglichen Ganzzügen aus den Kohlegruben von Armutçuk. Zuletzt war hier die Lok 45 001 im Einsatz. Unsere Aufnahme zeigt einen Leerzug von Ereğli nach Armutçuk am 5. April 1975. Seit den neunziger Jahren verkehren keine Züge mehr. Die Strecke Ereğli – Armutçuk ist heute nicht mehr vorhanden.

Aufnahmen (5): Harald Navé, Slg. mag. pharm. Alfred Luft

Bild 239
45 042 und **45 055** mit einem Güterzug nach Samsun talfahrend bei Toptepe, 5. Juni 1985.

Aufnahme: Joachim Bauer

Bild 240
45 056 als Vorspann vor einer Lok der Reihe 56 (DR-Reihe 52) am 12. August 1974 mit Güterzug auf dem Überholgleis in Dumanlı.

Bild 241
45 051 steht am 20. April 1981 in Samsun abfahrbereit mit dem täglichen (!) Zug nach Sivas. Sie ist inzwischen als Ausstellungsstück in Bandirma aufgestellt. Ihre deutsche Herkunft können die Schnellzugwagen nicht verleugnen.

Bild 242
Lok **45 057** am 8. April 1983 Tender voraus vor einem Güterzug in Armutçuk (Strecke Armutçuk – Ereğli). Hier fanden 1990 die letzten Einsätze der TCDD-G 8^2 statt.

AUFNAHMEN (4):
HERBERT STEMMLER

Bild 243
45 041 mit einem Arbeiterpersonenzug von Samsun nach Azot zur dortigen Industrieanlage im Juni 1985. Das Gleis im Vordergrund führt zum Industriekomplex nach Çarşamba und wurde ebenfalls von dampfgeführten Personenzügen befahren. Zwei eingleisige Strecken direkt am Schwarzen Meer. Die 1971 stillgelegte Schmalspurstrecke von Samsun nach Çarşamba wurde am 29. August 1980 in Normalspur wieder eröffnet.

AUFNAHME: JOACHIM BAUER

Die türkische G 8^2 war damals die schwere Güterzuglok der TCDD, bis ab 1937 die 1'E-h2-Lok der Reihe 56 angeliefert wurden (von denen kriegsbedingt einige als DR 58^{28} übernommen wurden).

Ihr gegenüber den deutschen 56^{20} gedrungeneres Aussehen weist darauf hin, dass von der G 8^2 im wesentlichen nur die Kessellänge und der Achsstand abwichen. Die Skizze der türkischen G 8^2 befindet sich aus drucktechnischen Gründen auf Seite 144. Laut NOHAB-Katalog (1937) und „Lokomotif Tip Tablosu" (Eskişehir 1956) betragen die Hauptabmessungen:

	TCDD-45	DR 56^{20}	
Leergewicht	80,17	75,6	t
Dienstgewicht	84,8	83,5	t
Zylinderdurchmesser	630	620	mm
Länge der Heizrohre	4.500	4.100	mm
Radstand Lok	7.000	7.000	mm
Radstand Tender	4.400	3.900	mm
Höhe über SO	4.500	4.280	mm
Länge über Puffer	17.845	16.995	mm

Der mittlere Kuppelachsdruck stieg an auf 17,95 t (56^{20}: 17,6 t). Gekuppelt war die Lok mit dem preußischen 3 T 16,5 mit 7 t Kohle-Fassungsvermögen.

Die Lok besaßen Knorr-Druckluftbremse, Druckluftsandstreuer Bauart Knorr, Friedmann-Strahlpumpen, Hülsenpuffer Bauart Siegen und Geschwindigkeitsmesser Bauart Haushälter-Rezny. Die Zylinder waren ausgerüstet mit Druckausgleichern und Sicherheitsventilen. Nach NOHAB-Angaben besaßen die Lok bei Lieferung Riggenbach-Gegendruckbremse: Auf einem nicht druckbaren NOHAB-Werkbild ist ein Schalldämpfer hinter dem Kamin zu sehen.

Noch 1980 leisteten sie Streckendienste Sivas – Samsum, Ereğli – Armutçuk (GmP; Kohlenbahn) und standen im Verschub in Çankiri, Çatalağzi, Elâziğ, Erzurum, Irmak, Karabük und Konya. Am 21. Oktober 1983 zog Lok 45 038 den EK-Sonderzug von Amasya über Celtek (Besichtigung des Kohlen-Tagebaus) nach Samsun am Schwarzen Meer und am 22. Oktober 1983 zurück.

Insgesamt sind in der Türkei sieben Lok der Reihe 45 erhalten geblieben, in Klammern das Datum der Sichtung:

45 002 Eisenbahnmuseum Çamlık bei Izmir (2010)
45 004 Bahnhof Tarsus (2014)
45 011 Bahnhof Konya (2013)
45 022 Çankiri depo (2007)
45 025 Akhisar (2008)
45 035 Museum Ankara (2004)
45 051 Bahnhof Bandirma (2010)

Bild 244
Im Çamlibel traf Herbert Stemmler am 20. April 1981 Lok **45 062** mit dem Gegenzug Sivas – Samsun an. Wir haben 1983 erlebt, dass dieser Zug fünf (!) Stunden Verspätung hatte und sich die geduldig Wartenden auf den Bahnhöfen selbst Essen kochten!

Bild 245
45 058, **021** und **027** im Bw Samsun, 5. Juni 1985.

AUFNAHME: JOACHIM BAUER

Bild 246
Die folgenden vier Bilder von Hans-Jürgen Wenzel entstanden auf der Türkei-Reise des Eisenbahn-Kuriers im Oktober 1983.

Die Zuglok des Eisenbahn-Kurier-Sonderzuges bis Samsun, **45 038**, fährt am 20. Oktober 1983 aus Sivas in Richtung Amasya aus.

Bild 247
45 001 am 20. Oktober 1983 in der TCDD-Werkstätte Sivas. Nachdem wir fleißig Lok notiert hatten, folgte die Überraschung: Jeder Teilnehmer erhielt eine gedruckte Liste der derzeit 76 im Werk befindlichen Lok, darunter 45 001, 020, 023, 029, 055, 056, 058, und 060. Als Werklok fungierte die G 8 44 070 ohne Druckluftbremse; sie bremste nur mit Gegendampf. Heute steht sie als 4981 Mainz im Museum Darmstadt-Kranichstein.

Bild 248
Fotohalt am 21. Oktober 1983 auf freier Strecke bei Çeltek (zwischen Amasya und Samsun). Unser von **45 038** gezogener Sonderzug bestand aus einem Gepäckwagen, zwei Sitzwagen erster Klasse und einem Speisewagen, in dem mittags frisch gekocht wurde.

Bild 249
45 052 als Vorspann vor einem weiteren G 8^2 erklimmt am 21. Oktober 1983 mit ihrem Güterzug die Rampe von Samsun in Richtung Amasya. Der Heizer von 45 052 hat gerade Kohlen aufgeworfen.

AUFNAHMEN (4):
HANS-JÜRGEN WENZEL

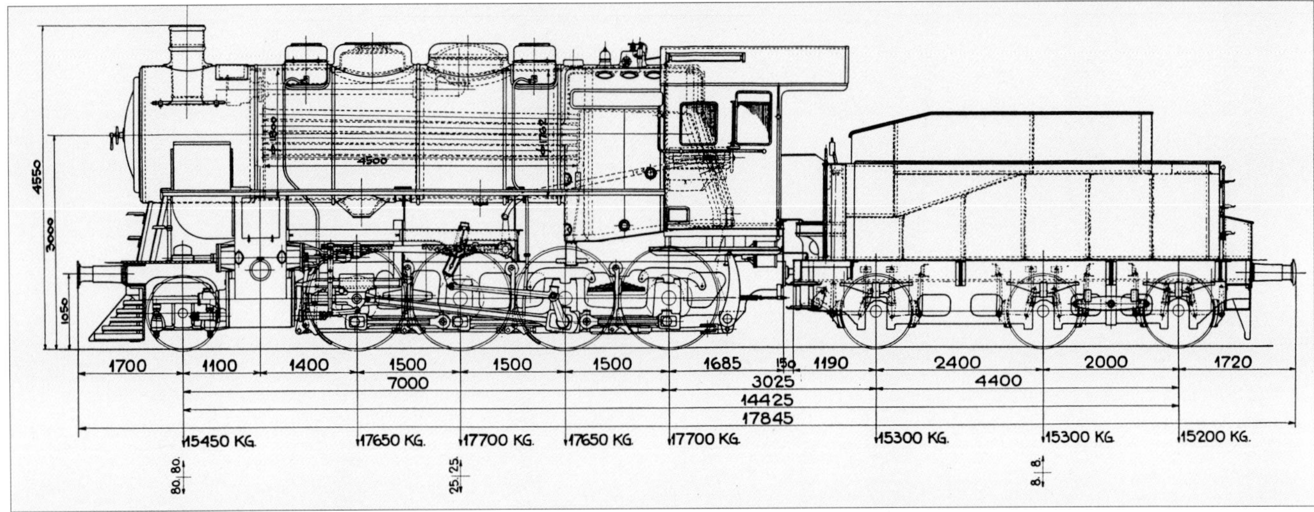

Abbildungen 250 und 251 – Der Vergleich der Skizzen der türkischen G 8^2 und der preußischen G 8^3 zeigt die Unterschiede in den Hauptabmessungen. Da uns von der G 8^2 keine vergleichbare Skizze vorliegt, muß hier eine solche der in den Hauptabmessungen identischen G 8^3 genügen. Diese zeigt eine gemeinsame Verkleidung für Dampfdom und beide Sandkasten, wie sie bei der G 8^3 allerdings nicht zur Ausführung kam. ABBILDUNGEN: SAMMLUNGEN HERBERT STEMMLER UND JÖRG SAUTER

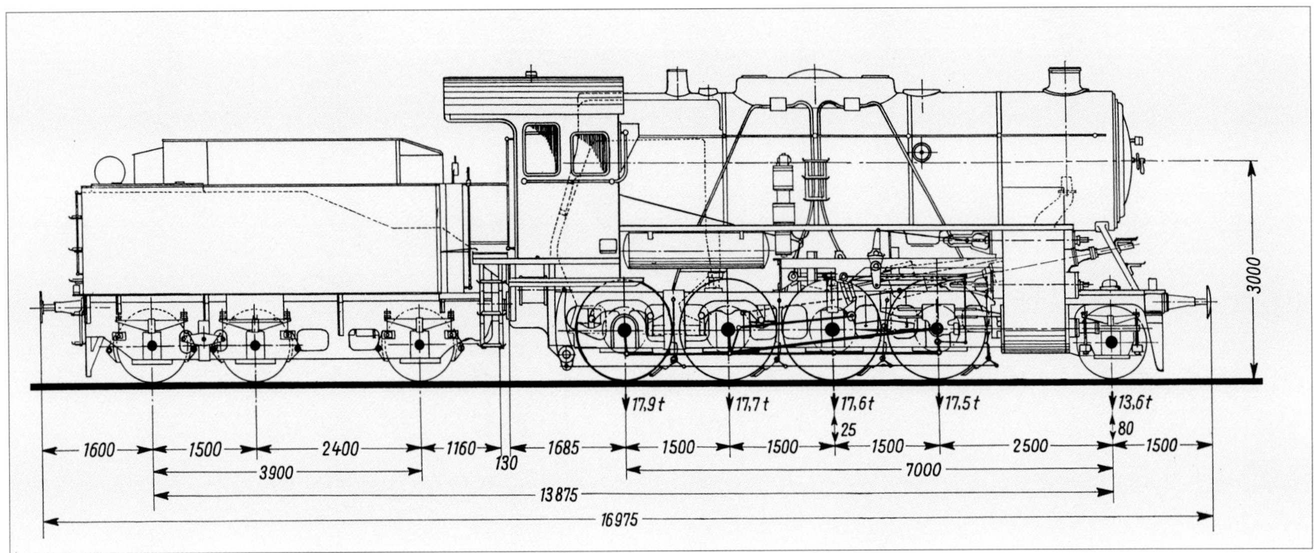

Literatur

Buchmann, Jean, und Dupuy, Jean Marc: L'Épopée des Locomotives «Armistrice 1918»; Breil-sur-Roya 2010

Bundesbahn-Zentralamt Minden: Merkbuch für Schienenfahrzeuge, Dampflokomotiven und Tender (Regelspur), Gültig ab 1. April 1953

Dejanow, Dimiter, und Stoitchkow, Stefan: Lokomotivite na Bulgarskite Drshawni Shelesnizi (Die Lokomotiven der Bulgarischen Staatsbahnen); Sofia 2008

Deutsche Reichsbahn:Verzeichnis der Maschinenämter, Bahnbetriebswerke, Bahnbetriebswagenwerke, Lokomotivschlossereien, Bahnhofsschlossereien und Hilfszüge, gültig von 1. April 1943 an (DV907); Berlin 1943

Eisenbahn-Zentralamt: Beschreibung der 1D-Heißdampf-Güterzug-Lokomotive Gattung G 8^2 mit dreiachsigem Tender von 20 cbm Wasserraum; Berlin Juni 1919

Eine Beschreibung der G 8^3 ist nicht bekannt

Eisenbahn-Zentralamt: Plan für die Umzeichnung der ehem. preuß.-hess. G-Lokomotiven vom 11. Dezember 1925 (EZA 5357/281)

Fiałkowski, Józef, und Kowalewski, Wiktor: Charakterystyka Normalnotorowych Pojazdów Trakcyjnych; Wydawnictwa Komunikacyjne, Warszawa 1959

Frohn, Hans-Herbert: Die Lübeck-Büchener Eisenbahn-Gesellschaft; Verein der Eisenbahnfreunde Wuppertal, Sonderheft 1965

Dr. Gottwaldt, Alfred B.: Die Lübeck-Büchener Eisenbahn; Düsseldorf 1975

Hütter, Ingo: Die Dampflokomotiven der Baureihen 54 – 59; DGEG, Werl 2015

Lacriţeanu, Şerban, und Popescu, Ilie: Istoricul Tracţiunii Feroviare Din România, Volumul 2 und 3: 1919-1990; Bucureşti 2007

Nydquist & Holm A.B.: Construction des Lignes de Chemins de Fer Irmak – Filyos & Fevzipaşa – Dıyarbekir; Göteborg et Copenhague 1937

Ostendorf, Rolf: Die Geschichte der Eisenbahndirektion Essen; Stuttgart 1983

RZA: Merkbuch für Fahrzeuge der Reichsbahn, Dampflokomotiven und Tender (Regelspur), Ausgaben 1931 und 1938 (DV 939a)

RZA: Merkbuch für Fahrzeuge der Reichsbahn, Nachtrag 2 vom 1. Januar 1940, Lokomotiven und Tender der Lübeck-Büchener Eisenbahngesellschaft (DV 939a)

VME/RZA/Metzelthin: Die Entwicklung der Lokomotive II. Band 1880-1920; München und Berlin 1938

Wagner, Andreas: Lokomotiv-Archiv Preußen – Güterzuglokomotiven; Augsburg 1996

Weisbrod, Manfred, Müller, Hans und Petznick, Wolfgang: Dampflok-Archiv 2 – Baureihen 41-59; Berlin 1982

Weisbrod, Manfred: Dampflok-Archiv 5; Berlin 1991

Winkler, Dirk: Kohlenstaublokomotiven der Deutschen Reichsbahn; Freiburg 2003

Wolff, Gerd: Deutsche Klein- und Privatbahnen (Band 10: Niedersachsen 2), Freiburg 2007

DB
56 2275